普通高等教育"十三五"规划教材

普通生物学实验指导

王元秀　主编

化学工业出版社
· 北京 ·

《普通生物学实验指导》（第二版）包含 36 项普通生物学基本实验，涉及细胞生物学实验、植物学实验、动物学实验、解剖生理学实验、遗传学实验等内容，通过普通生物学实验使学生掌握生物绘图、显微镜的使用、生物制片、生物的解剖等技能，为后续课程打下基础。

　　本书可供高等院校的生物技术、生物工程等专业本科学生使用；也可供其他生命科学相关专业学生参考。

图书在版编目（CIP）数据

普通生物学实验指导/王元秀主编 . —2 版 . —北京：化学
工业出版社，2016.8（2024.9重印）
普通高等教育"十三五"规划教材
ISBN 978-7-122-27517-2

Ⅰ.①普… Ⅱ.①王… Ⅲ.①普通生物学-实验-高等
学校-教学参考资料 Ⅳ.①Q1-33

中国版本图书馆 CIP 数据核字（2016）第 149789 号

责任编辑：魏　巍　赵玉清　　　　　　　　　　　装帧设计：关　飞
责任校对：宋　玮

出版发行：化学工业出版社（北京市东城区青年湖南街 13 号　邮政编码 100011）
印　　装：河北延风印务有限公司
710mm×1000mm　1/16　印张 8¼　字数 151 千字　2024 年 9 月北京第 2 版第 11 次印刷

购书咨询：010-64518888　　　　　　　　　　售后服务：010-64518899
网　　址：http://www.cip.com.cn
凡购买本书，如有缺损质量问题，本社销售中心负责调换。

定　　价：25.00 元

《普通生物学实验指导》（第二版）
编写人员名单

主　编：王元秀

副主编：王　军　张维建　张春华

编　者（按姓氏汉语拼音排序）：

侯进慧（徐州工程学院）

王　军（济南大学）

王明山（枣庄学院）

王元秀（济南大学）

叶春江（济南大学）

张春华（山东省医学科学院）

张更林（山东省医学科学院）

张维建（山东建筑大学）

前　言

　　普通生物学是生物学、农学、医学、药学等与生命科学相关专业的必修课程，可以为学生打下较为坚实的生物学基础，对今后在专业方面的学习与工作至关重要。生命科学是一门实验性很强的学科，因此实验课程的开设不仅是必须而且也非常重要。普通生物学实验是一门综合性实验，编者多年的教学经验表明，若使内容难易适度，保证实验顺利流畅地进行，需要一本好用实用的教材。编写一本与普通生物学理论教材相匹配、难度适中、可操作性强的实验教材是编写本书的初衷。

　　本书是全国高校应用型本科生物类专业系列教材之一《普通生物学》的配套教材，第一版于2012年获"中国石油和化学工业优秀出版物奖（教材奖）"二等奖。本书第二版仍遵循第一版的编写指导思想，通过普通生物学实验使学生掌握生物绘图、显微镜的使用、生物制片、生物的解剖等技能，为后续课程打下基础。全书包括36项实验，涉及细胞生物学、植物学、动物学、解剖生理学、遗传学等部分内容，通过使用显微镜观察细胞（洋葱表皮细胞、口腔上皮细胞）、染色体（有丝分裂、减数分裂、果蝇唾腺染色体）、组织与个体（根尖、花、原生动物、胚胎发育等）以及人体组织细胞的结构等实验内容，进行生物绘图；使用解剖器械解剖河蚌、龙虾、家鸽、小白鼠等，从而观察其外形及内部解剖情况，并进行生物绘图；调查学校附近环境的动植物种类、人们关注的水质，并进行分析，培养学生独立科研能力。

　　本书第二版增加了脊椎动物解剖实验——鲫鱼，水质有关的实验——水体中浮游生物的调查及其与水质的关系；有关动物生理学的实验——脊髓反射，使本书内容更为完善。其余各实验进行了部分调整完善。

　　感谢程利霞、刘建涛、马井喜、戎茜、孙永君、唐业刚、谢振文、徐庆华、余晓丽、于少波、朱清等对本书第一版编写工作付出的努力。教材的修订工作难度较大，虽然我们做了很大的努力，但限于编者水平，难免存在疏漏之处，恳请专家和读者不吝指正。

编　者

2016 年 4 月

目　录

生物实验室安全守则

（1）第一次实验前应详细阅读生物实验室安全守则。

（2）有患病或精神欠佳者不应进入实验室进行实验，实验前应向教师提出请假。

（3）进入实验室不宜穿着过于宽松的衣服（如领带、颈巾），不宜配戴颈链、手链等，禁止穿拖鞋及凉鞋，蓄长发者应束扎起来。

（4）实验桌上不要放置与实验无关的物品，如有需要可存放于抽屉中。

（5）在实验室不得奔跑、打闹、嬉戏及进食，以免造成安全及健康隐患。

（6）每次实验前应完全了解该次实验的潜在危险。

（7）实验室内的工作桌面及地面要保持干爽清洁，湿的实验室桌面及地面应立刻抹干。

（8）离开实验室前应检视各仪器电源及水龙头等各种开关是否关闭。

（9）使用各种药品及进行活体试验后，需先洗手后方能进食。

生物实验室实验操作守则

（1）实验进行中时，若有任何疑问应立即发问。

（2）不可以用手触摸刚加热完成之器皿，待冷却后再行处理。

（3）实验完毕，各组将器材洗净、整理，并放回指定处。

（4）使用后的废弃物严禁倒入水槽，应倒入专用收集容器中回收或经特殊处理。

（5）任何不溶性的物品不可弃置在水槽内。

（6）在试剂瓶内取出的化学品，不可再倒回瓶内。

实验一　光学显微镜的使用

一、实验目的

了解普通光学显微镜的构造、成像原理和操作规程，学习并掌握正确的使用方法。

二、实验器材

生物切片标本、显微镜、二甲苯、香柏油、擦镜纸等。

三、实验原理

1. 显微镜的构造

普通光学显微镜是生物学实验课中最常用的光学仪器。光学显微镜的式样虽有不同，但它们的基本结构相同（图 1-1），都是由机械部分和光学部分组成。

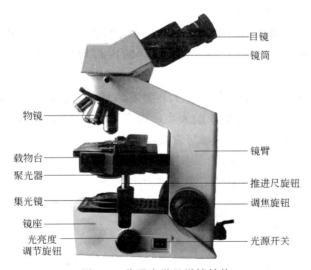

图 1-1　普通光学显微镜结构

机械部分包括镜头转换器、镜筒、粗细调焦螺旋、镜臂、镜台（载物台）、镜座等，光学部分包括：物镜、目镜、聚光器和光源等。

（1）机械系统

① 镜座　镜座位于显微镜底部，用以支持镜体，使显微镜放置稳固。其上直立的短柱部分为镜柱，支持镜臂和载物台。

② 载物台　放置玻片标本的平板。中央有通光孔，载物台上有标本移动器（或称推进尺），既可固定载玻片又可转动螺旋前后左右移动标本。有的标本移动器上还带有标尺，可利用标尺上的刻度寻找所要观察的标本位置。

③ 镜臂　镜柱之上弯曲的部分，便于持握显微镜。

④ 镜筒　镜臂上端的圆筒部分。其顶端安置目镜，下端连接镜头和转换器。由物镜到目镜的光线由此通过。

⑤ 镜头转换器　镜筒下端可旋转的圆盘。其上可装接数个不同倍数的物镜，观察时可随意换用。

⑥ 调焦螺旋　分粗调焦螺旋和细调焦螺旋，能使载物台升降，调节物镜和观察材料间的距离，得到清晰的图像。粗调焦螺旋升降的距离较大，约为50mm，主要用于寻找目的物。由低倍镜观察标本时，用粗调焦螺旋调焦距。细调焦螺旋升降的幅度较小，约为1mm，能精确地对准焦点，取得更清晰的物像。

（2）光学系统

光学系统包括照明系统和成像系统。前者由光源、聚光器和虹彩光圈组成，后者由物镜和目镜组成。

① 光源　多数为普通电光源，位于显微镜的下方。少数显微镜利用平、凹双面的反射镜，接受外来光线。

② 聚光器　在载物台的下面，由2～3块凹透镜组成。作用是使光线聚集增强，射入镜筒中，并使整个物镜所包括的视野均匀受光，提高物镜的鉴别能力。

③ 虹彩光圈　又名可变光阑，位于聚光器下面，由许多金属片组成。推动操纵光圈的调节杆，可改变光圈的大小，约束上行光线的强弱，适于观察。

④ 物镜　由数组透镜组成，起放大物体的作用。透镜的直径越小，放大倍数越高。其中放大40倍（40×）以下的称为低倍镜，一般为10倍（10×）；放大40倍（40×）以上的称为高倍镜；放大100倍（100×）以上称为油镜。

⑤ 目镜　装于镜筒上端，其作用是将物镜所放大和鉴别的物像进行再放大，放大倍数一般为10倍（10×）。

2. 显微镜的成像原理

光学显微镜是利用光学的成像原理（图1-2），观察生物体结构。首先光线通过聚光器把光线汇聚成束，穿过生物制片（样品），进入到物镜的透镜上。经过物镜时，将制片上的结构放大为倒立的实像，这一倒立的实像经过目镜的放大，映入眼球内为放大的倒立的虚像。

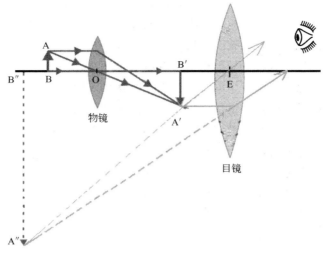

图 1-2　光学显微镜成像原理

　　从成像的原理来看，物镜在成像过程中起主要作用。因此，物镜质量的优劣直接影响成像的清晰程度，目镜只不过是放大物镜所成的像，而不能增加成像的清晰度。

　　光学显微镜放大的倍数是由目镜、物镜和镜筒的长度所决定。镜筒长度一般为 160mm，物体最终被放大的倍数为目镜和物镜二者放大倍数的乘积。理论上光学显微镜的最大放大倍数可以达到两千多倍，但是目前不仅由于受分辨率的限制，还由于制造工艺水平的限制，最好的光学显微镜的最高有效放大倍数只能达到 1000 倍左右。

四、实验步骤

　　（1）检镜对光　使用显微镜前，首先要调节好光源。为了迅速而正确地对光，应先用 10×物镜，将可变光阑调到最大孔径；一般将亮度调节旋钮旋转到中间位置，光线适合观察。

　　（2）低倍镜下观察　把制片放在显微镜的镜台上，要观察的部位应准确地移动到物镜的下面，然后用压片夹夹紧。进行观察时，应先用 10×物镜。先转动粗调焦螺旋将载物台升到最高；然后反方向转动粗调焦螺旋，使载物台逐渐下降，接近制片；载物台下降过程中用眼睛观察目镜视野，直到制片中的影像出现；再调节细调焦螺旋，得到清晰的图像。

　　（3）高倍镜下观察　需详细观察制片中某一部分细微结构时，可先在低倍物镜下找到最合适的地方，并移至视野中央，然后转动镜头转换器用高倍物镜（40×）观察。当换到高倍物镜后，应该看到制片中的影像。如果影像不清楚时，顺时针或逆时针方向转动细调焦螺旋，直到影像清晰为止。如果转换高倍物镜后看不到影像，可能所观察的对象没有在视野中央的位置，需要转换到低倍物镜，重新调整制片位置。当影像看到以后，还要用可变光阑调节光束的粗细。如果光线过强，将使一些较为透明的结构不易看清；如果光束过细，光量不足，将使影像灰暗不清。因此必须调节光阑，达到最好的观察效果。

（4）油镜观察　用高倍镜找到目的物，并推移到视野中央，用粗调节器提升镜筒（约2cm），将油镜头转至镜筒正下方，在已找好的观察部位滴上一滴香柏油，用粗调节器将镜筒小心下降，同时目光应从显微镜的侧面观察，直至油镜头浸入油滴。注意一定不要将油镜头压到玻片上，以免损伤镜头和压坏标本。再从目镜观察，进一步调节光线，并用粗调节器使镜筒慢慢上升，当出现目的物的物像时，改用细调节器，使物像清晰。如油镜头已离开油面，还未见物像，可再按上述操作重新进行。油镜观察完毕后，用擦镜纸沾一滴二甲苯擦去油镜上的香柏油，再用干净的擦镜纸将镜头抹干。

（5）复镜　显微镜使用完毕，将物镜转换到低倍镜下，转动粗调焦螺旋使镜筒下降，然后取下制片，旋转物镜转换器，将两个物镜分开成"八"字形。

五、注意事项

（1）手持显微镜时应右手握住镜臂，左手平托镜座，不可歪斜，保持镜体直立。将显微镜置于实验台上时，应放在身体的左前方，离桌子边缘5～6cm处。观察时要两眼同时睁开，不可左眼开，右眼闭。

（2）显微镜出现故障时，如旋钮转动有困难或观察不到图像时，要向指导教师说明，帮助解决。不可随意拆卸显微镜的任何部分。

（3）一般用低倍物镜观察时，用粗调焦螺旋就可以调好焦距，不用或尽量少用细调焦螺旋。使用高倍物镜如需要用细调焦螺旋聚焦时，其旋钮转动量最好不要超过两圈。换制片时，严禁在高倍镜下取下或装上制片，以免污染、磨损物镜。

（4）保持显微镜的清洁。机械部分上的灰尘应随时用纱布擦拭。必须尽量避免试剂或溶液沾污或滴到显微镜上，这些都可能损坏显微镜。特别是高倍物镜很容易被染料或试剂沾污，如被沾污时，应立即用擦镜纸擦拭干净。擦时要将擦镜纸蘸取少量乙醚-酒精清洁液，绕着物镜或目镜的轴旋转以轻轻擦拭，并保持一个旋转方向。每擦一次，擦镜纸就要折叠一次。显微镜用过后，应用清洁棉布轻轻擦拭（不包括物镜和目镜镜头）。

六、思考题

（1）在高倍镜下观察时，为什么要先用低倍镜观察？

（2）要观察到1000倍的图像，怎样选取目镜和物镜？

七、附录

显微镜的两个重要光学参数

1. 分辨力（resolving power，R）

分辨力也叫分辨本领或解像力。光学显微镜分辨力定义为在 250mm 明视距离处能分辨清楚尽可能靠近的两点的能力。辨认两点之间的距离愈小，则分辨本领愈高，人眼的分辨力约为 $100\mu m$，显微镜的分辨力 R 则以下列公式计算：

$$R = 0.61\lambda/NA$$

式中　λ——所用的光线波长；

　　　NA——数值孔径。

从上述公式可以看到，决定显微镜的分辨力主要有两个因素，一是数值孔径，一是波长。数值孔径愈大，波长愈短，能分辨清两点距离愈小，显微镜的分辨力愈高。

2. 数值孔径（numerical aperture，NA）

也称镜口率，由两个参数组成，即：

$$NA = n \cdot \sin\alpha$$

式中　n——物空间介质的折射率；

　　　α——物方孔径角。

孔径角亦称镜口率，是从物方光轴上的物点发出的光线，与物镜前透镜有效直径的边缘所张开的角度。α 是轴上点光线在干燥系统的孔径角，$\sin\alpha$ 最大值不超过 1，油浸物镜由于 n 值变大，NA 值也随之变大，目前最多可达 1.4。而照明波长最短为 400nm，代入公式则 $R = 0.61 \times 0.4/1.4 = 0.17$，即光学显微镜最大分辨力约为 $0.2\mu m$，约等于可见光最短波长的一半。

实验二　植物细胞的形态结构

一、实验目的

（1）学会临时装片的基本制作方法，掌握植物细胞的基本结构。

（2）了解生物绘图意义，掌握生物绘图法。

二、实验器材

显微镜、载玻片、镊子、解剖针、蒸馏水、1‰曙红溶液、0.1‰碘液、吸水纸、擦镜纸、洋葱或菠菜等材料。

三、实验原理

植物细胞的形状是多样的，有球状体、多面体、纺锤形和柱状体等。植物细胞的体积是很小的，一般种子植物细胞的直径为 $10\sim100\mu m$。

植物细胞由原生质体和细胞壁两部分组成。原生质体是由生命物质——原生质所构成，它是细胞各类代谢活动进行的主要场所。在光学显微镜下，经过染色可以观察到细胞核以及叶绿体、线粒体等细胞器结构。

在光学显微镜下观察植物细胞的结构时，必须将生物的细胞、组织或器官做成薄的制片，才能观察，这些制片不能过厚（一般以一层细胞的厚度最好）。要做效果好的制片可以用不同的方法，如用离析的方法把细胞"打散"分开，也可用切片刀徒手或用切片机切成薄片，如果观察植物的表皮细胞可以采用另一种方法——撕片法。

四、实验步骤

洋葱表皮细胞的观察实验如下。

（1）制片——撕片法　先取一洋葱鳞片，用解剖刀纵切为两半（如鳞片过大也可纵切为四）。取一片肉质鳞片叶，用刀片在其凹下的一面画一个 0.5cm×0.5cm 的正方形，再用镊子轻轻夹住表皮，并朝一个方向撕下（凹面的表皮较易撕下，有时凸面也可以用）。将撕下的表皮迅速放在滴有蒸馏水的载玻片上，用解剖针展开，镊子夹住洗净擦干的盖玻片的一边，使另一边接触水滴的边缘，然后慢慢地放下，以便驱走盖玻片下的空气，不致产生气泡。用吸水纸吸去盖玻片周围的水，置显微镜下观察。

（2）**染色**　为了更清楚地显示洋葱表皮细胞的结构，可用1‰曙红或稀碘液染色。染色时，将玻片从载物台上取下，于盖玻片的一侧加1滴曙红或碘液，用吸水纸从盖玻片另一侧吸引，使曙红或碘液通过洋葱表皮以染色；或直接滴加染料，重复步骤（1）中的制片步骤。

（3）**观察**　在低倍镜下，可见洋葱表皮细胞略呈长方形，排列紧密，每个细胞内有一圆形或扁圆形的细胞核，核内有染色的核仁（图2-1）。

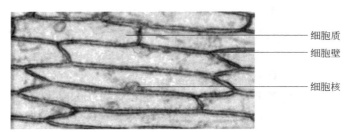

图 2-1　洋葱鳞片表皮细胞

用低倍镜找一个清楚的细胞移至视野中央，再换高倍镜观察，可见细胞最外面为细胞壁所包围，包括两层初生壁和中间的中层（胞间层）。在高倍物镜下可以看到细胞壁的厚度并不均匀。细胞壁以内是着色较浅近于透明的细胞质。细胞质内有一个或几个，或大或小的透明的液泡。在细胞中央或靠近细胞壁，有一细胞核，核内有染色的核仁。细胞质外围有一薄层细胞质膜，在生活细胞中不易分清。

五、注意事项

（1）撕下的表皮一定要平铺在有水的载玻片上，内面最好朝上放在载玻片上，以利于染色。如发生折皱或重叠可用解剖针将其铺平，折皱和重叠都将影响观察效果。

（2）在光学显微镜下小的气泡，由于与水的折光率不同，而出现黑的圆形的像，初学者时常把气泡误认为细胞。

（3）对细胞结构的观察，一般不需要用最低倍物镜（4×），首先用10×物镜然后转换到高倍（40×）物镜进行仔细观察，由低倍物镜转换为高倍物镜时，高倍物镜镜头碰到载玻片上不能转换，这可能是因为把制片放反了。

六、思考题

（1）细胞核沉没在细胞质中，在成熟细胞中，它总是位于细胞的边缘，但有时也会发现有的细胞核位于细胞的中央，仔细思考这是为什么？

（2）绘制洋葱表皮细胞结构示意图。

七、附录

生物绘图方法

在实验报告中，或是在相关的科学实验总结报告中，都需要画一些细胞结构图或轮廓图来表示细胞、组织或器官的结构，因此在生物学实验课中就应掌握绘图方法。

(1) 准备　准备好绘图铅笔（2H 或 3H）、橡皮、刀、尺子及实验报告纸，将实验报告纸放在观察物的右边，纸下不要垫书或纸张。

(2) 观察　画图前先要把所要画的对象观察仔细，各部分的结构都要看清楚。同时要把正常的、一般的结构与偶然的、人为的一些"结构"区分开。然后选那些有代表性的典型的部位进行绘图。

(3) 设计　画图前还要确定你所要画的图在报告纸上的位置和大小，然后才能开始去画。一般根据在报告纸上要画几个图来确定位置。图的位置、大小要适宜，图占报告纸左上方 2/3 的面积，并考虑注字的位置。如果要画两个图，那么先要在报告纸上方留下一部分空当，以便写本次实验名称和班级、姓名。左侧一边要留有一定边缘，以备装订之用。下余部分，可一分为二，作为画两个图的地方。当画图的位置确定以后，就要确定图的大小。一般要尽可能地把图画大一些。如果画的是细胞图，为了清楚地表明细胞内部结构，所画细胞不宜过多，只画 3~4 个即可。如画轮廓图或图解图，也不一定把全部切面（如根或茎的横切面）画出，只画 1/8~1/6 部分即可。

(4) 构图　画图时起草，如果画细胞结构图，要把细胞的轮廓轻轻描出。描图时要不断地观察显微镜，注意细胞轮廓的大小、宽狭、长短等是否与观察的细胞相符合。同时也要注意细胞的内部结构，例如细胞壁的厚度、细胞核的大小，以及与整个细胞的比例等都要与实际相符合。当草图与实物基本相符合后，用铅笔把各部分的结构画出来。

(5) 衬阴　细胞壁要用平行的双线表示出，原生质体内的结构（如细胞质、细胞核等）要用不同疏密的小圆点表示。细胞与其他细胞相连接处要画出来，以表示所画的细胞不是孤立的。要注意各部分结构的比例、大小。

(6) 标注　图画好后，要再与显微镜下实物对照，检查一下有无遗漏或错误，然后把各部分的名称注出。注字时要尽可能详细些，所注的字最好在图右边的一侧，排列整齐。每一个图下面要注明图的名称、放大倍数。

实验三　人体口腔上皮细胞的观察

一、实验目的

（1）学习人体口腔上皮细胞装片的制作方法。

（2）掌握动物细胞的基本形态和结构。

二、实验器材

显微镜、载玻片、消毒牙签、生理盐水、1％曙红溶液、0.25％美蓝溶液。

三、实验原理

动物细胞的形状比植物细胞更加多样化，因为它没有细胞壁的束缚。体积也非常小，通常细胞的直径为 $10\sim100\mu m$。在光学显微镜下，可以观察到细胞核以及线粒体等细胞器结构。

四、实验步骤

（1）制片　用清水漱口，将牙签伸进自己的口腔，在颊部黏膜轻刮几下，把黏附着细胞的牙签涂在洁净的滴有生理盐水的载玻片上（注意不要涂得太厚），滴一滴0.25％美蓝（或1％曙红）溶液，加盖玻片，置显微镜下观察。

（2）低倍镜和高倍镜观察　在涂片中寻找单个完整的口腔上皮细胞观察，可见此细胞为多边形或不规则的扁平状，细胞质丰富，被染成淡蓝色，中间有染色较深的颗粒状结构，为线粒体等细胞器。细胞核较小，呈卵圆形、淡蓝色，位于细胞的中央（图3-1）。

五、注意事项

（1）制片中注意不要产生气泡；染料用量不超过一滴，以免在加盖玻片时溢出。

（2）由于制片关系，在视野中可能出现多个细胞重叠在一起、模糊不清，或细胞折边等现象，因此，需要找分离的、完整的细胞进行观察。

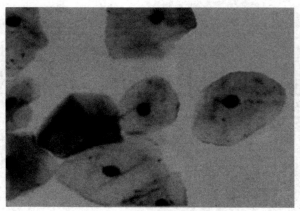

图 3-1　人口腔上皮细胞

六、思考题

（1）植物细胞和动物细胞在形态和结构上有哪些不同？

（2）绘制口腔上皮细胞结构示意图。

实验四　植物细胞的有丝分裂

一、实验目的

(1) 学习植物染色体制片技术。

(2) 掌握植物细胞有丝分裂的过程。

二、实验器材

洋葱根尖纵切片标本、洋葱根尖、普通光学显微镜、载玻片、盖玻片、镊子、解剖针、恒温培养箱、小刀、小烧杯（或培养皿）、酒精灯；卡诺固定液（醋酸∶纯酒精＝1∶3）、1mol/L 盐酸、醋酸洋红染液、蒸馏水。

三、实验原理

植物细胞在进行生长发育过程中，不断地进行细胞分裂，增加细胞的数目。植物细胞分裂的方式，最普遍、最常见的是有丝分裂。要掌握好有丝分裂的发生时期，首先要建立细胞周期的概念。所谓细胞周期就是从一次细胞分裂结束到下一次分裂结束细胞所经历的全部过程。已知有丝分裂开始前必须进行 DNA 的合成，实验证明这一合成只在分裂间期的一定时期内进行。一般把分裂周期分为 G_1 期（DNA 合成前准备时期）、S 期（DNA 合成时期）、G_2 期（有丝分裂前的准备时期）和 M 期（有丝分裂时期）四个时期。形成两子细胞后，又回复到 G_1 时期。M 期为有丝分裂过程，在整个细胞周期中所占的时间很短，一般为 1h 左右。在这一过程中，前期时间较长，中期、后期和末期时间都较短。

植物的根尖、茎尖分生组织和形成层，主要以有丝分裂方式进行分裂。对根尖分生组织固定染色处理后，采用压片法制片观察，可以观察到分裂周期的各个时期的图像（图 4-1）。

真核细胞染色体的数目和结构是重要的遗传指标之一。制备染色体标本是细胞遗传学最基本的技术，优良的染色体制片是进行染色体显带、组型分析、原位杂交等的先决条件。

四、实验步骤

(1) 取洋葱或百合根尖永久制片观察，在低倍镜下观察时可以根据染色体的

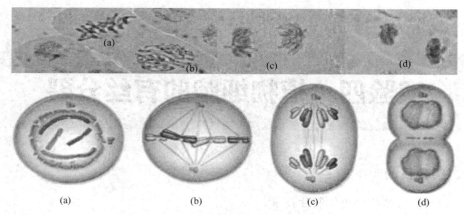

图 4-1　植物细胞有丝分裂过程示意图

(a) 前期；(b) 中期；(c) 后期；(d) 末期

(引自 http://www.biology.iupui.edu/biocourses)

分布情况及细胞核的变化（核仁、核膜是否消失等），大致了解分生区中细胞分裂情况。观察时可参考有丝分裂的照片，掌握分裂过程中各个时期的特征，并在显微镜下识别出每一个分裂时期。

（2）材料处理　用刀片截取已培养好的洋葱鳞茎长出的幼根根尖，其长度以 5mm 为宜。截取下的根尖放入固定液中固定 15～30min。然后用水冲洗后转入 1mol/L 盐酸中，在 60℃下水解 20min 后，水洗 1～2 次即可压片观察。

（3）制片-压片法　压片时，取已处理好的根先放在载玻片上，用解剖刀或解剖针，把根尖自伸长区以上部分切去，只剩下 1～2mm 长的一段。滴一滴醋酸洋红溶液染色，约 10min 后，根尖染为暗红色即可。染色后加盖玻片，用大拇指压盖玻片，使根尖细胞分散开，即可在显微镜下观察。

（4）观察　首先认清根冠、分生区、伸长区和成熟区（根毛区）四部分。然后放在显微镜下，用 10× 物镜观察，并将分生区移至视野的中央；换高倍物镜仔细寻找，找出分裂期内典型的分裂相。

五、注意事项

（1）制片可以放在酒精灯上略微加热，这样可使细胞质破坏，增进染色体的染色。但不宜过于加热，如将染料煮沸则使细胞干缩毁坏，染料沉淀而不能观察；可用卡宝品红染液替代染色，把核和染色体染为红紫色，细胞质一般染不上颜色，背景清晰。

（2）压片时注意不要一次性完成。首先轻压，在显微镜下观察分散的程度，如重叠度高，重复前面的操作，直至视野内细胞分散均匀。

六、思考题

（1）在显微镜下处于分裂中期的细胞内，染色体是如何分布的？

（2）绘制植物有丝分裂各时期示意图。

七、附录

小鼠骨髓细胞有丝分裂染色体制片的方法

（1）前处理 取小鼠骨髓细胞前 5～8h 向小鼠腹腔内注射秋水仙碱溶液（每 10g 体重注入 10～30µg 秋水仙碱）。

（2）处死小鼠，剪去股骨两端，以 1% 柠檬酸钠溶液将骨髓细胞冲入离心管中（注意预温药液至 25℃），反复吹洗直至骨腔变白。

（3）用吸管反复吹打骨髓细胞悬液几次，即得单细胞悬液。

（4）将所得的骨髓细胞悬液 1000r/min 离心 10min，吸去上清液，加预温至 25℃ 的 0.075mol/L KCl 5～8mL，立即用吸管吹打均匀，25℃ 条件下静置低渗 20min。

（5）1000r/min 离心 10min，去上清，沿管壁加 5～8mL 甲醇-冰醋酸（3∶1）固定液，立即吹散打匀，静置 15min 后用吸管再吹打一次，打散细胞团块，再静置 15min。

（6）1000r/min 离心 10min，去上清，留 0.1～0.2mL 的沉淀细胞和上清液，视细胞多少可再加甲醇-冰醋酸（3∶1）固定液 2～3 滴，用吸管反复轻吸混匀，制成细胞悬液。

（7）取冰箱中预冷的洁净载玻片，30°倾斜，用吸管吸取一滴上述细胞悬液，于载玻片上适当高度滴在载玻片上，立即吹散细胞，扩散平铺于玻片上，空气中自然干燥。

（8）载玻片充分干燥后，用 pH6.8 的磷酸缓冲液按 1 份 Giemsa 原液 9 份磷酸缓冲液混匀后染色。材料面向上，用染液覆盖载玻片，染色 10～15min，用流水洗去多余染液，再用吸水纸吸干多余水分，干燥后即可镜检。

实验五　减数分裂

一、实验目的

（1）了解高等植物的花粉和动物精子形成中的减数分裂过程，观察其染色体的动态变化。

（2）学习并掌握制备减数分裂制片的方法和技术。

二、实验器材

小麦或葱、蒜等的花药，以及蝗虫、蟋蟀等的精巢，显微镜、解剖针、解剖刀、小镊子、染色皿、酒精灯、卡诺固定液、无水乙醇、醋酸洋红染液、卡宝品红染液。

三、实验原理

在高等生物里雌雄性细胞形成的过程中，都是先由有性组织（如花药和胚珠、精巢和卵巢）中的某些细胞分化为孢母细胞（2n），进一步由这些细胞进行一种连续两次的减数分裂，即减数第一分裂和第二分裂。最终各自产生 4 个小孢子或精细胞（1n），或是分别产生 1 个大孢子或卵细胞与 3 个退化的极体（1n）。

减数分裂是由相继的两次分裂组成的，分别称为减数分裂Ⅰ和减数分裂Ⅱ。由于细胞核分裂两次，而染色体只复制一次，所以经过减数分裂染色体数目减半（图 5-1）。

前期Ⅰ比较复杂，减数分裂的许多特殊过程都发生在这一时期。

中期Ⅰ核膜解体后二价体分散在细胞质中。二价体排列于赤道区，形成赤道板。

后期Ⅰ每个二价体的两条同源染色体分开，移向两极。n 个二价体成为 n 条单价染色体，此时 DNA 含量减半。

末期Ⅰ染色体各自到达两极后逐渐解螺旋化，变成细线状。核膜重建，核仁重新形成，同时进行细胞质分裂。

减数分裂Ⅱ，这次分裂基本上与有丝分裂相同。

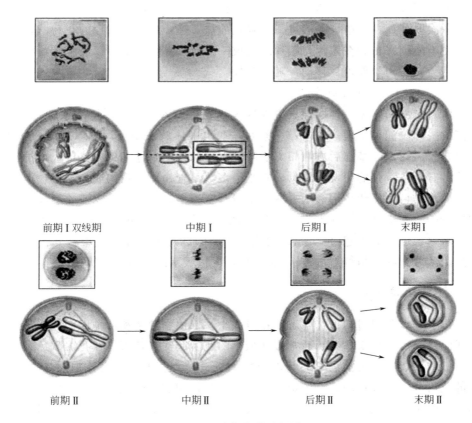

前期Ⅰ双线期　　　　　中期Ⅰ　　　　　后期Ⅰ　　　　　末期Ⅰ

前期Ⅱ　　　　　中期Ⅱ　　　　　后期Ⅱ　　　　　末期Ⅱ

图 5-1　减数分裂示意图

(引自 http://www.biology.iupui.edu/biocourses)

四、实验步骤

1. 小麦花药涂压片的制作与观察

（1）取材　选取适当大小的花蕾，是观察花粉母细胞减数分裂的关键性步骤。小麦从开始挑旗，到旗叶与下一叶片的叶耳间距为 1～2cm 时固定较为合适。有的品种在顶芒刚露出旗叶时为好。一般当花药长约 2mm，表现为黄绿色时，为减数分裂的时期。

（2）固定　取幼小花药，可以直接放在醋酸洋红液中，同时进行固定和染色，但是先经过固定处理的材料更易于染色、分色和保存。一般材料可用卡诺固定液固定 2～24h，然后保存在 70% 酒精中。

（3）染色和压片　取固定好的花蕾置载片上，吸去多余的保存液，用解剖针及解剖刀割出一个花药，视花药大小横切为 3～4 段（或加纵切），加一滴醋酸洋红染液，用解剖针轻压花药，使花粉母细胞从切口出来，静置染色 5～10min。然后依次取载片在酒精灯上横过几次轻微加热。进一步去除残存的花药壁，加盖片。使染液刚好布满在盖片与载片之间成一薄层，在盖片上覆以吸水纸，用拇指均匀用力压下，勿使盖片移动，随之镜检。

2. 蝗虫精巢的压片制作和观察

（1）取材和固定　提取蝗虫雄性成体，直接投入盛有卡诺固定液的指管中，或摘去头部浸泡在生理盐水内。观察时，取出虫体放在小玻璃片（或载片）上，剪去翅膀。在翅的基部后方，相当于腹部前端的背侧，仔细剪开体壁，可见上方两侧各有一条黄色的团块即精巢，它是由多数小管栉比排列构成的。

（2）染色和压片　用镊子夹取一小段管状精巢，放置在染色皿或载片上，滴加适量的醋酸洋红液（或卡宝品红液）固定染色 5～15min。用解剖针挑取少量的材料（长度最好不超过 1mm）放到一张新的载片上，加 1 滴染料并拨碎，然后加盖玻片，在酒精灯上过 2～3 次加热，上覆吸水纸，压片，镜检。

五、注意事项

（1）减数分裂时的植株状态和花蕾大小，依植物种类和品种而不同，需经过实践纪录，以备后来参考。通常应从最小的花蕾起实行观察，在花冠现色和花药变黄（或红、紫）之前为好。其他植物如蚕豆从现蕾开始，可选取 2～3mm 大小的花蕾或一小段花序进行固定；玉米在喇叭口期前一周左右，即达到减数分裂期，这时手握喇叭口下方有松软感，表明雄花序即将抽出，是进行固定材料的适当时期。

（2）染色时可从大小不同的花中连续取出几个花药，进行同样的染色处理。

六、思考题

（1）有丝分裂和减数分裂有哪些不同？
（2）植物花粉母细胞与花药壁细胞的形态结构有哪些不同？

实验六　染色体组型分析

一、实验目的

（1）了解染色体组型分析的应用和意义。

（2）掌握染色体组型分析的原理、基本实验方法。

二、实验器材

人类体细胞有丝分裂中期染色体放大照片、毫米尺、计算器、剪刀、镊子和胶水等材料。

三、实验原理

染色体组型，也称核型，是指将动物、植物、真菌等的某一个体或某一分类群（亚种、种、属等）的体细胞内的整套染色体，按它们相对恒定的特征排列起来的图像，它是生物体在染色体水平上的表型特征。在染色体组型分析中，人们主要分析染色体的数目和形态等方面。将一个染色体组的全部染色体逐个按其特征绘制下来，再按长短、形态等特征排列起来，就做成了核型模式图。

研究者在1920年提出了染色体组型分析，随后的发展过程中有三项技术大大促进了染色体组型分析的研究。这三项技术是：低渗处理、秋水仙素的应用、植物凝集素的应用。后来又发展出了更精细的染色体组型分析技术，比如染色体分带技术，常用的分带技术有：Q带、G带、C带、R带、T带、N带等，还有荧光原位杂交技术，即FISH技术等。这些技术深化了人们对生物体在染色体水平上的遗传分析。

染色体组型分析的主要应用领域有：①确定物种的遗传特征，确定种属间的亲缘关系；②分析生物物种的变异和进化过程；③识别单条染色体，进行基因定位；④临床应用，比如染色体疾病和产前诊断等方面。

四、实验步骤

（1）获得完整的染色体中期分裂相　其常用方法是将分裂中期的细胞进行染色体制片，通过常规染色方法染色后，进行显微照相，获得放大的中期分裂相照片。

（2）确定染色体数目并分析染色体形态特征　统计分析染色体组中的染色体数目；沿边缘剪下染色体，初步目测配对，将染色体进行分组；测量染色体长度，计算相对长度、着丝粒指数、臂比。

染色体的长度分为绝对长度和相对长度。绝对长度需要在显微镜下进行测量，它是中期分裂相中染色体的实际长度，而相对长度的计算方法是：

$$相对长度＝每条染色体的长度/全套染色体长度$$

在实验中，采用直接测量中期分裂相照片中的染色体的长度作为每条染色体的长度，将所有染色体长度加到一起作为全套染色体长度，以此计算出每条染色体的相对长度。

着丝粒指数、臂比的计算方法是：

$$着丝点指数＝短臂/（长臂＋短臂）$$
$$臂比＝长臂/短臂$$

（3）将相同的染色体进行配对并将所有的染色体进行排列　着丝粒类型相同，相对长度相近的染色体分为一组；同一组中，按染色体长短顺序配对排列；各指数相同的染色体配为一对，同时分析随体的有无进行配对；特殊的染色体排到最后；最后将染色体按由长到短，臂比从大到小，短臂向上进行排列。

将染色体排列并粘贴在纸上，每一组下面画一条横线，在两端注明起止号，并在横线下的中部写明 A～G 组号，染色体从大到小编为 1～22 号，性染色体单独列为一组。

（4）对组型特征进行描述　首先写出染色体总数，然后写明性染色体组成，最后写出异常的染色体数目或形态。

五、注意事项

（1）由于制片原因，有的染色体弯曲程度较大，对这类染色体的长度进行测量时，为了提高测量的准确性，可采用化曲为直的方法，即用一个细绳线沿染色体图形相互重合，然后拉直细绳，测量其长度就是染色体长度。

（2）对染色体组型特征描述的统一命名符号如下。

A～G	染色体组的名称
1～22	染色体编号
X，Y	性染色体
del	缺失
der	结构重排的染色体
dup	重复
inv	倒位
t	易位

+／－ 在染色体符号前表示染色体增加或减少，在染色体符号后表示染色体多出或缺少一部分

六、思考题

（1）完成人类染色体组型分析报告。

（2）请说明以下两种核型的特征。

（a）47，XX，＋21

（b）45，XY，der（14；21）(q21；q14)

七、附录

1. 人类染色体中期分裂相照片

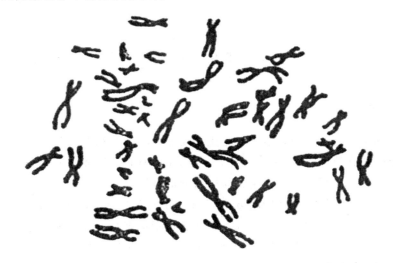

（引自厦门大学生命科学学院，遗传学实验之——染色体组型分析课件）

2. 人类染色体组型分析报告

分析时间：＿＿＿＿＿＿＿＿＿＿＿描述核型：＿＿＿＿＿＿＿＿＿＿＿＿

姓名：＿＿＿＿＿＿＿＿＿＿＿班级：＿＿＿＿＿＿＿学号：＿＿＿＿＿＿＿

实验七 植物组织

一、实验目的

了解植物的分生组织、薄壁组织、保护组织、输导组织和机械组织构造上的特点及其与机能的关系。

二、实验器材

玉米根尖切片标本、南瓜茎的横切片和纵切片标本，洋葱根尖、菠菜叶片、卡诺固定液、醋酸洋红染液、显微镜等。

三、实验原理

植物细胞分化为组织，承担一定生理功能。植物组织有多种类型，可简单分为分生组织和成熟组织。位于植物的生长部位，具有持续或周期性分裂能力的细胞群，称为分生组织。根据在植物体中所处的位置，分生组织可分为 3 种：顶端分生组织、侧生分生组织和居间分生组织。分生组织分裂产生的细胞，经生长、分化后，逐渐丧失分裂能力，形成各种具有特定形态结构和生理功能的组织，这些组织称为成熟组织。根据生理功能的不同，成熟组织又分为薄壁组织、保护组织、输导组织和机械组织。

四、实验步骤

1. 顶端分生组织的观察

取玉米根尖的纵切片标本，于低倍镜下观察。或取 3mm 洋葱根尖沿着纵轴从正中切成两半，置于卡诺固定液中 10min，水洗后用醋酸洋红染液染色观察。

罩在根尖端的一团组织，靠外围的细胞较大，排列比较疏松，这是根冠，具有保护生长点和开路先锋的作用。紧接根冠之后是生长点，即根尖的顶端分生组织。它的形态学特征是细胞较小，在纵切面上呈正方形或长方形，细胞壁薄，原生质丰富，细胞核大，位于细胞的中央，没有液泡或仅有分散的小液泡，细胞排列紧密（图 7-1）。它们具有旺盛的生命力，其分裂产生的细胞，向前形成根冠，向后产生根的各种结构。

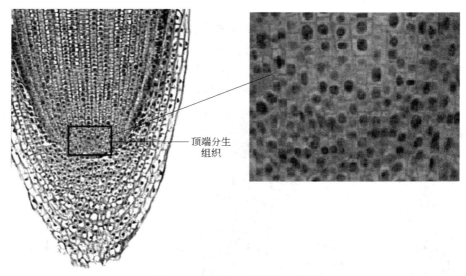

图 7-1　洋葱根尖顶端分生组织

顶端分生
组织

2. 薄壁组织

取南瓜茎横切片标本，在低倍镜下观察。薄壁组织分布很广，虽然细胞的大小不同，但均为薄壁的生活细胞，形状为圆形、椭圆形或多角形，细胞的分化程度不高。皮层内的薄壁细胞多为长圆形，排列较整齐，含有可行光合作用的叶绿体，又称同化组织。靠茎中心的薄壁细胞内可看到一些贮藏物质，又称贮藏组织（图 7-2）。

3. 保护组织

保护组织位于植物体表，包括表皮和木栓两种类型，具有保护内部组织的作用。

表皮与气孔的观察：将双子叶植物菠菜叶片缠绕在左手食指上，以左手大拇指和中指夹住缠绕的叶片，令叶片的背面向上。然后用尖头镊子轻轻撕下一小块下表皮来，平铺在载玻片的水滴中，盖上盖玻片。

将上述装片放在低倍镜下观察，可见表皮细胞排列非常紧密，细胞的侧壁凹凹不齐，彼此嵌合，没有缝隙。

表皮上分布着气孔，它是由两个保卫细胞组成的。保卫细胞也是生活细胞，呈肾形，具细胞核和叶绿体。两个保卫细胞以凹入的一面相向，在相向面的中部，细胞壁较厚并彼此游离形成空隙，此即为气孔。它是体内气体出入的门户。

4. 输导组织

输导组织基本上分为两类：一类是运输水分与无机盐的导管和管胞；另一类是运输可溶性有机物质的筛管。

（1）导管和管胞

导管和管胞在形成时，细胞壁增厚有多种情况，可以形成不同的纹理。一般来说，环纹和螺纹的导管或管胞是在器官形成初期产生的，梯纹、网纹和孔纹的导管和管胞在器官发育中出现较迟，是在生长停止以后形成的。

取南瓜茎的纵切片标本，在显微镜下可看到染色的木质部中，导管一列列相连，各相邻细胞间的端壁消失，成为贯通的管道，有利于水分与无机盐的运输（图 7-2）。

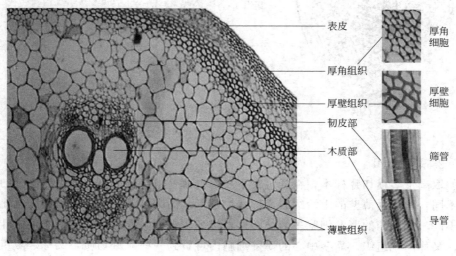

图 7-2　南瓜茎横切图

（2）筛管和伴胞

筛管和伴胞是运输有机养分的机构。取南瓜茎的纵切片，在显微镜下可见到染成绿色的筛管（图 7-2）。筛管是由多数柱形细胞连接而成，细胞壁不增厚，也不木质化。筛管细胞内含有原生质体，细胞核消失。相邻筛管细胞间的横隔壁上分布着许多小孔，叫筛孔，胞质通过筛孔相连。在筛管旁边有一或多个小型薄壁的生活细胞即伴胞，形状为柱形，其内可见到细胞核、液泡和细胞质。

5. 机械组织

机械组织有两种类型：厚角组织和厚壁组织，厚壁组织又包括纤维和石细胞，主要起支持作用。取南瓜茎的横切片标本置显微镜下观察。

（1）厚角组织　在南瓜茎的横切片上，可见表皮下有一圈由数层厚角细胞组成的圆环，而在茎的突起部位则成束存在，与同化组织相间排列。各相邻细胞在角隅处增厚，但不木质化（图 7-2）。在纵切面上，可见厚角组织的细胞呈长形，细胞壁增厚部分成纵行的棱条，细胞内有原生质体。厚角组织的此种结构，适合于支持正在生长着的器官。

（2）厚壁组织　在南瓜茎的皮层内有一圈由多层纤维细胞组成的圆环。其细胞壁明显增厚，并木质化，细胞内容物消失成为死细胞（图7-2）。在纵切面上，可见到一排染成红色的细长而两端尖细或钝圆的细胞。每个细胞两端插入其他若干纤维之间而彼此紧密贴合起来，形成一种极为坚牢的结构。

五、注意事项

（1）取洋葱根尖时，勿用镊子夹尖端，以防破坏根冠。
（2）取菠菜表皮时，可以先用刀片划一个 0.5cm×0.5cm 的范围。

六、思考题

（1）植物有哪几种主要组织，对植物的生命活动各有何作用？
（2）植物组织的构造与机能的关系怎样？

七、附录

植物组织制片技术

显微镜的制片可分为永久制片和临时制片。永久制片的方法和步骤比较复杂，临时制片是利用新鲜材料直接作成的切片，方法比较简单。用光学显微镜观察的样品，必须是透明的薄片，因此，要首先把观察的材料制成透明的切片后才能在显微镜下观察。

1. 徒手切片法

徒手切片法是指手拿刀片把新鲜材料切成薄片，制成临时装片的方法。切片操作均应用解剖刀或双面刀片，切出合乎要求的切片。

徒手做切片时，最重要的是要切下一小片平而薄的组织，而不是要求切下一个完整的切片。例如切一茎的横切片，不要求切下圆形的一片，而只需切下一小部分即可。切片时首先应该正确地拿住刀片及材料，即用左手三个手指拿住材料，右手平稳地拿住刀片，两手应该可以自由活动，要用臂力而不要用腕力，而且不要用力过大。切片时，把刀刃放在经过削平的平面上，然后轻轻地压住它，以均匀的力量和平稳的动作，从刀刃的右侧，斜着向左的方向切，不能用刀片直接挤压材料，或拉锯式切割材料。

切片时为了避免材料枯干，应使材料的切面及刀刃上保持有水，呈湿润状态。在切片时还应注意，所切的材料和刀片一定要保持水平方向。如果斜向切下材料，虽然切片很薄，但会由于细胞切面偏斜而影响观察。薄的切片应该是透明的，切片可留在刀刃上，继续切片，一连切几个切片，然后用镊子或解剖针取下，切下的切片放在滴有水的载玻片上。

过于柔软的器官，如叶片，难于直接拿在手中进行切片，所以切时需夹在维持物中。维持物一般用莴苣茎、胡萝卜根或泡沫塑料，将要切的材料夹在其中，然后进行切片。

　　切片也可简易染色，以便使结构更便于观察。染色方法是将切片放在载玻片上，用吸水纸吸去多余水分，滴上一滴染料，经过 1～2min 后，用水冲洗一下，盖上盖玻片观察。常用染料有 0.1% 美蓝（亚甲基蓝）、0.5% 中性红或 1% 番红水溶液（木质化、栓质化的细胞壁及细胞核染成红色）、I_2-KI 溶液（淀粉粒呈蓝色，细胞核呈黄色）。

　　2. 徒手切片永久制片方法

　　(1) 镜检　切片在显微镜下观察，挑选效果好的切片。

　　(2) 染色　番红染色 2～3min，建议在小培养皿中。

　　(3) 脱水　梯度酒精脱水 35%—50%—75%—85%—95%—100%（两次）0.5～2min。

　　(4) 复染　85%～95% 酒精复染 30s。

　　(5) 透明　1/2 无水酒精＋1/2 二甲苯中透明 10min，然后二甲苯中透明 10min。

　　(6) 封藏　滴一滴加拿大树脂，盖上盖玻片，30～35℃ 恒温箱中烘干。

实验八　动物组织

一、实验目的

了解动物上皮组织、结缔组织、肌肉组织和神经组织四类基本组织的结构和功能。

二、实验器材

显微镜、小肠横切片、疏松结缔组织切片、蛙跟腱纵切片、平滑肌纵横切片、骨骼肌纵横切片、心肌纵横切片、牛脊髓灰质前角涂片。

三、实验原理

在高等动物体（或人体）具有很多不同形态和不同机能的组织。通常把这些组织归纳起来分为四大类基本组织，即上皮组织、结缔组织、肌肉组织和神经组织。

（1）上皮组织是由密集的细胞和少量细胞间质组成，在细胞之间又有明显的连接复合体，一般细胞密集排列呈膜状，覆盖在体表和体内各种器官、管道、囊、腔的内表面及内脏器官的表面。

（2）结缔组织是由多种细胞和大量的细胞间质构成的，细胞的种类多，分散在细胞间质中。细胞间质有液体、胶状体、固体基质和纤维，形成多样化的组织。具有支持、保护、营养、修复和物质运输等多种功能。如疏松结缔组织、致密结缔组织、软骨、骨、血液等。

（3）肌肉组织主要由收缩性强的肌细胞构成。肌细胞一般细长如纤维状，因此也称为肌纤维，其主要机能是将化学能转变为机械能，使肌纤维收缩，机体进行各种运动。根据肌细胞的形态结构分为带纹肌（横纹肌、心肌）和平滑肌。

（4）神经组织是由神经细胞或称神经元和神经胶质细胞组成。神经细胞具有高度发达的感受刺激和传导兴奋的能力。神经胶质细胞有支持、保护、营养和修补等作用。

四、实验步骤

1. 上皮组织（图 8-1）

取小肠横切片，用低倍镜找到上皮结构，转高倍镜观察，上层为排列整齐的

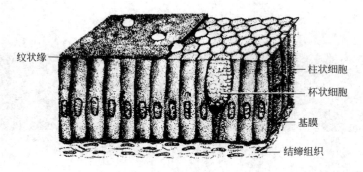

图 8-1　单层柱状上皮组织

一层柱状细胞。细胞呈长柱状，细胞核位于基部，外侧细胞膜形成纤毛状突起。

　　2. 结缔组织

　　（1）疏松结缔组织（图 8-2）

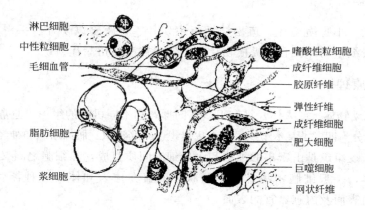

图 8-2　疏松结缔组织（仿上海第一医学院，1981）

　　① 纤维成分

　　胶原纤维：较粗，被染成粉红色。

　　弹性纤维：较细，常呈卷曲状，被染成紫黑色。

　　② 细胞成分

　　成纤维细胞：数目较多，为多角形或星形的扁平细胞，细胞质染色很淡，稍呈淡红色。甚至不能辨别。细胞核大，多为椭圆形，被染成蓝紫色。

　　巨噬细胞：形态不一，呈圆形、大陆架形或不规则形，细胞质染色较深，细胞轮廓较成纤维细胞的清楚，细胞质内含许多吞噬的蓝色颗粒（新鲜标本中为黑色颗粒），细胞核比成纤维细胞的小，染色较深。

　　（2）致密结缔组织（图 8-3）

　　用蛙跟腱纵切片进行观察。

　　低倍镜和高倍镜观察：腱的外面有疏松结缔组织包裹，内为平行而紧密排

细胞核

图 8-3　致密结缔组织

列、粗细不等的胶原纤维束，纤维束之间有成行排列的腱细胞的核，两个相邻细胞的细胞核常常靠近，细胞质不易显示。

（3）脂肪组织

取气管横切片进行观察。

① 低倍镜观察　可看到密集成群的圆形或多角形的空泡，即脂肪细胞。这是由于脂肪细胞胞质中的脂滴在制片过程中被二甲苯和酒精溶解了，所以是空泡状。成群的脂细胞核被结缔组织分成许多小叶。

② 高倍镜观察　脂肪细胞呈圆形、椭圆形或不规则形。细胞核扁圆形或半月形，被脂肪挤到细胞的一侧。

3. 肌肉组织（图 8-4）

（1）平滑肌

猫小肠横切片进行观察。

① 低倍镜观察　找到肌层，可见其由内环行（纵切面）、外纵行（横切面）的平滑肌纤维组成。

② 高倍镜观察　内层环行的平滑肌肌纤维为长梭形，彼此镶嵌排列，细胞核长椭圆形或棒状，被染成紫色，细胞质染成红色。外层纵行的平滑肌肌纤维被切成横切面，呈小块状，大小不一，较大的肌纤维横切面内可以看到细胞核，因其是平滑肌肌纤维中部的切面。其余没有核的、较小的肌纤维切面，是肌纤维两端的横切面。

（2）骨骼肌

取大白鼠或猫骨骼肌纵切片观察。

① 低倍镜观察　可见肌纤维集合成束，每束肌纤维由具有脂肪和血管的结缔组织所分隔，这就是肌束膜，分隔每条肌纤维的结缔组织为肌内膜。

② 高倍镜观察　肌纤维呈柱状，有许多被染成蓝紫色卵圆形的细胞核，位于肌纤维的周边，细胞膜之下。缩小光圈，减少视野的光亮度，可看到每条肌纤

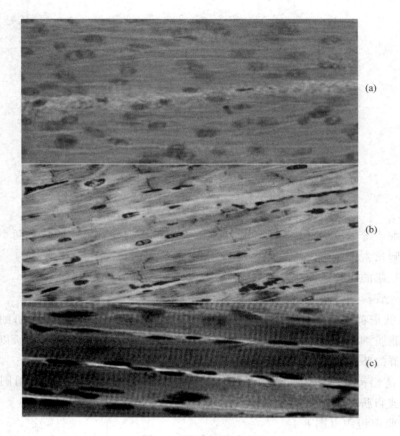

图 8-4　肌肉组织类型

(a) 平滑肌；(b) 心肌 (1—胞体，2—细胞核，3—闰盘)；(c) 骨骼肌

(引自 http://www. histol. chuvashia. com/atlas-en/muscle-en. htm)

维上有明暗相间的横纹，染色深的为暗带，染色浅的为明带。换油镜观察。

③ 油镜观察　可见明带中有一条很细的黑线，即 Z 线，在暗带中有一条较亮的线，即 H 线。相邻两 Z 线之间，即两个 1/2 明带和一个暗带为一个肌节，是骨骼肌结构和功能的基本单位。

(3) 心肌

取猫心肌纵切片 (铁苏木精染色) 观察。

低倍镜和高倍镜观察：可见纵、横、斜切面的心肌纤维，肌纤维有分支与邻近肌纤维连接，连接处染色较深，呈阶梯状结构，即闰盘。缩小虹彩光圈，可见心肌纤维有明暗相间的横纹（但没有骨骼肌的明显）。核椭圆形，位于心肌纤维的中央，其周围的肌浆较丰富，染色较浅。

4. 神经组织 (图 8-5)

取牛脊髓灰质前角涂片 (美蓝或苯胺蓝染色) 进行观察。

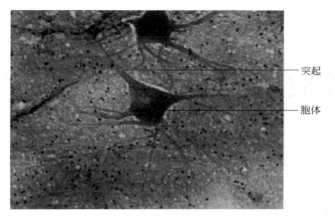

突起

胞体

图 8-5　神经元细胞

① 低倍镜观察　可以看到被染成深蓝色的、多突起的多极神经元（运动神经元）。选择一个比较大而清晰的神经元，换高倍镜观察。

② 高倍镜观察　在多极神经元的胞体内可看到一个染色较浅、圆球形的细胞核。核中央有一个染成深蓝色的核仁。细胞质中有染成深蓝色、不规则、小的块状物，即为尼氏体。细胞体有许多突起，看到的几乎都是树突，轴突仅有一根，轴突及轴丘内无尼氏体，一般难以看到，若看到与轴丘相连的突起，即为轴突。

五、注意事项

结缔组织的细胞成分很多，但在此种平铺片上，一般只能区分和观察到成纤维细胞和巨噬细胞，浆细胞不易找到，肥大细胞要用特殊染色法才能更好地显示出来。

六、思考题

（1）比较平滑肌、骨骼肌、心肌的结构特点。

（2）绘制一幅高倍镜下的神经元结构图。标注上胞体、突起、细胞核。

（3）根据结构与功能统一的观点，说明动物体四大基本组织的功能。

实验九 菜豆和小麦种子的形态结构

一、实验目的

观察菜豆和小麦种子的形态结构；区分单子叶植物与双子叶植物种子结构特点。

二、实验器材

菜豆种子、小麦种子、解剖刀、解剖镜、放大镜、小麦麦粒纵切面的永久制片、I_2-KI 溶液。

三、实验原理

种子是裸子植物和被子植物特有的繁殖体，它由胚珠经过传粉受精形成。种子一般由种皮、胚和胚乳三部分组成。被子植物的种皮结构多种多样，如小麦、玉米、水稻的种子，果皮与种皮愈合，种子成熟时种皮被挤压而紧贴于果皮的内层；有些豆科植物和棉花的种子具有坚硬的种皮，种皮的表皮上有厚的角质膜。被子植物胚将来发育成新的植物体。胚芽发育成植物的茎和叶，胚根发育成植物的根，子叶为种子的发育提供营养。胚的形状极为多样，椭圆形、长柱形或程度不同的弯曲形等。绝大多数的被子植物在种子发育过程中都有胚乳形成，但在成熟种子中有的种类不具或只具很少的胚乳。一般常把成熟的种子分为有胚乳种子和无胚乳种子两大类。

四、方法与步骤

1. 菜豆（双子叶植物）种子的形态结构（图 9-1）

取用水浸泡过的菜豆种子，其形状为肾形。在其凹陷的一侧，有一黑色斑痕，为种脐，其相对突起的一侧为种脊。用手指压种脐附近，可看到有水和气泡由一小空中溢出，此孔就是珠孔，菜豆萌发时，胚根由此处穿出。用解剖刀自种脊处把种皮割开，剥去种皮，剩下的部分是胚。同时还要注意有没有胚乳。

剥出的胚，观察下列四个部分。

（1）子叶 就是习惯称为豆瓣的部分，共两片。注意它的厚度与形状，并比较它与正常的叶有哪些不同。

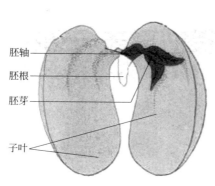

图 9-1　菜豆种子胚的结构

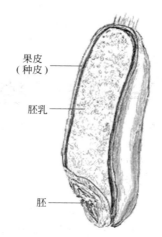

图 9-2　小麦麦粒的结构

（2）胚芽　位于两片子叶之间，胚轴的上端。试把两片子叶去掉，用放大镜或双筒解剖镜观察，并借助解剖针解剖，看清它是由生长锥和几片幼叶组成的？

（3）胚根　与胚芽相对的一端，有一个光滑的突起，就是胚根。

（4）胚轴　胚根和胚芽相连接的部分，也是子叶着生部位及其上、下方。

2. 小麦（单子叶植物）麦粒的结构（图 9-2）

（1）取已浸泡好的麦粒观察其外形，然后用刀片沿其纵沟切为两半。用放大镜或双筒解剖镜观察，能否分出果皮与种皮、胚和胚乳。最后可用 I_2-KI 溶液染色，哪部分被染上颜色？什么颜色？

（2）取小麦麦粒纵切面的永久制片做进一步观察。自外向内观察，首先看到的是由死去的厚壁细胞和薄壁细胞（大多已挤压变形）组成的果皮和种皮，在它们之间分不出界限。紧接果皮和种皮的是一层排列整齐，细胞较大，细胞核明显，细胞质较浓厚并充满颗粒的糊粉层。在这层细胞中含有脂类和贮藏蛋白质。蛋白质在切片上被染为橙黄色。胚乳占整个切片的大部分，其中许多被染为紫红色大小不等的颗粒是淀粉粒，在这些颗粒的中央还可看到黑色的脐点。其间也有些较小的被染成橙黄色的是蛋白质，但要比糊粉层细胞中的少得多。

五、注意事项

浸泡过的菜豆种子一般用冷水浸泡 24h，用温水浸泡 12h 即可，小麦种子处理方法相同。

六、思考题

（1）绘制小麦麦粒的纵切面轮廓图，标注出各部分结构。

（2）菜豆成熟种子为什么没有胚乳？用简单文字说明。

实验十　植物根的形态与结构

一、实验目的

（1）了解植物根的形态结构特征。

（2）了解植物根的形态结构与其功能的关系。

二、实验器材

玉米根尖纵切面标本、水稻幼根纵切面标本、小麦根尖纵切面标本、水稻（或小麦）根、蚕豆根。

显微镜、盖玻片、载玻片、恒温箱、培养皿、镊子。

三、实验原理

植物的根、茎、叶执行养料和水分的吸收、运输、转化、合成等功能，称为营养器官。地下部分根具有固着、吸收水分和矿物质的作用，根的主要部分根尖结构分为根冠、分生区、伸长区和成熟区。根具有初生组织和次生组织。

四、实验步骤

1. 根的外形观察

观察水稻（或小麦）和蚕豆（或蒲公英）的根系，明确它们各属于何种根系（图10-1）。

2. 根的结构

（1）根尖的结构和分区

将小麦种子放在培养皿中萌发，当根尖长至1cm长时，截取根尖，作临时封片（轻压盖玻片，使根尖稍压扁），按顺序观察下列各区。

① 根冠　位于根尖顶端，由许多排列疏松的薄壁细胞所组成，其外层细胞不断脱落，可见到一些散离的根冠细胞。根冠主要起保护作用。

② 分生区　大部分被根冠包被，一般仅1～

(a) 直根系　　(b) 须根系
（蒲公英）　　（小麦）

图 10-1　直根系（a）
与须根系（b）

2mm，此区通常也称生长点，外观不太透明，因其细胞质较稠密，细胞小，核大，具有不断分生的能力。此区属于顶端分生组织。

③ 伸长区　位于分生区的后方，长度大概有几毫米，外观较透明，此部分的细胞分裂频率渐渐减慢，而细胞纵向迅速伸长，并开始分化，使根伸长入土。

④ 成熟区　位于伸长区后方，其明显标志是表皮细胞向外突起形成根毛（又称根毛区），此区细胞伸长生长已大部分停止，且已分化成熟，是吸收水分、养料的主要部位（图10-2）。

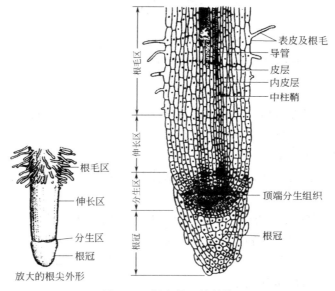

图 10-2　根尖的立体结构

（2）根的初生结构

在低倍镜下可见水稻幼根横切片由外至内分为表皮、皮层和中柱三大部分。表皮由一层细胞构成；皮层相当发达；中柱的显著特征是维管束呈辐射状排列；初生木质部居中心，具多个辐射棱（多原形）初生韧皮部夹在初生木质部的辐射棱之间，整个轮廓成星芒状（图10-3）。

换高倍镜观察各部分构造。由外至内，可见表皮细胞壁薄，不角质化，有的外壁突出延伸成为根毛，以适应根的吸收功能。紧接表皮下的一层细胞称为皮层，细胞较小，排列较整齐紧密。外皮层内的一层细胞，其细胞壁增厚，向机械组织方向发展。其余的皮层细胞是较大型的薄壁细胞，胞间隙较小，但最内层靠中柱的细胞则稍小一些，排列较整齐，叫内皮层。中柱的最外层为中柱鞘，紧接着内皮层，也是一层薄壁细胞，此处可产生侧根。中柱鞘内是维管束，包括初生韧皮部和初生木质部。前者主要由筛管和伴胞组成，后者主要由导管组成。由外

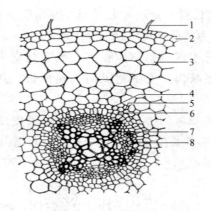

图 10-3 水稻幼根横切结构图

1—根毛；2—表皮；3—皮层薄壁组织；4—内皮层；5—凯氏点；

6—中柱鞘；7—初生木质部；8—初生韧皮部

向内，导管的管径渐次增大，后壁部分渐次增多，居中心的为孔纹导管，管径最大，又是最后产生的导管（外始式发育）。

（3）根的次生构造

取棉花老根的横切片，先用低倍镜观察整个轮廓，再换高倍镜从外向内渐层观察。

① 周皮 是围绕根的最外几层细胞，排列成放射状（像一叠叠砖块）。周皮包括木栓层、木栓形成层和栓内层三部分。前者为细胞壁栓质化的死细胞，木栓形成层为一层较扁平的生活细胞，栓内层又是生活的薄壁细胞。木栓在根的外方行使保护作用。有的木栓细胞已被破坏。

② 初生韧皮部 由于其内部次生生长的压力而遭破坏，仅存少量韧皮纤维。

③ 次生韧皮部 包括输导组织——筛管和伴胞；基本组织——韧皮薄壁细胞；机械组织——韧皮纤维。

④ 次生木质部 在初生木质部的外方，与次生韧皮部相向并立。它包括输导组织——导管；基本组织——木薄壁细胞；机械组织——木纤维。

⑤ 形成层 介于次生韧皮部和次生木质部之间。细胞呈长方形，排列整齐紧密。它向外分裂产生的细胞形成次生韧皮部，向内分裂产生的细胞形成次生木质部。形成层的细胞具有一般分生组织细胞的形态学特点，但它是由初生韧皮部和初生木质部之间的薄壁细胞恢复分裂能力而来的，故称为次生分生组织。

⑥ 维管射线 即横贯次生木质部和次生韧皮部一些横向排列的薄壁细胞群。维管射线是木质部和韧皮部之间的横向运输机构。这三者一起组成植物的次生维管束组织。

⑦ 初生木质部　位于根的中心，主要由导管和木质薄壁细胞组成。

五、注意事项

截取根尖时取微黄有突起的根尖，不要用镊子夹根尖端，以免破坏根尖。

六、思考题

（1）根尖可分为哪几部分？各部分有何机能？

（2）绘制根尖结构示意图。

实验十一　花的形态和结构

一、实验目的

观察掌握花的组成部分及其形状和构造。

二、实验器材

几种植物新鲜的花蕾和花朵；镊子、解剖针、刀片、放大镜或解剖镜。

三、实验原理

从植物形态解剖上说，花是节间极短且具变态叶（花瓣）以适应生殖机能的枝条。被子植物典型的花通常由花柄、花萼、雄蕊和雌蕊等几部分组成（图 11-1）。花是被子植物的繁殖器官，通过开花，传粉，受精后形成果实。

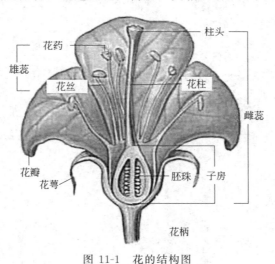

图 11-1　花的结构图

四、实验步骤

1. 花柄与花托

花柄是每朵花着生的小枝，它具有支持花的作用，同时又是营养物质由茎运到花的通道。花柄顶端略微膨大的部分为花托，它的节间很短，花萼、花冠、雄蕊、雌蕊即着生于其上。

2. 花萼

在花的最外层，由若干萼片组成，萼片多为绿色，能行光合作用，有保护幼花的功能。大多数植物的萼片各自分离，如油菜，也有的萼片下端联合成萼筒，上端留有几个裂片，如茄子。萼片的数目和形状是植物分类的标准之一。萼片一般为一轮，有时也有两轮的（外轮称为副萼）。

3. 花冠

居于花萼以内，由若干花瓣组成。常含有花青素或杂色体，故呈现各种颜色，以引诱昆虫传粉。花瓣或分或合，故有离瓣花与合瓣花之称。花冠的形状大小依植物种类不同而异。一般分为：整齐花冠——如十字花冠、筒状花冠和蔷薇形花冠；不整齐花冠——如蝶形花冠、舌状花冠和唇形花冠等。

花萼与花冠合称为花被。

4. 雄蕊

位于花冠内，每一雄蕊由花丝和花药组成。

（1）花丝　每种植物的花丝一般是等长的。也有些植物的花丝长度不一从而有二强雄蕊、四强雄蕊等的区分。一般植物的花丝各自分离，但也有些植物的花丝是连合的。根据花丝连合成束的数目，可分为单体雄蕊、二体雄蕊、三体雄蕊和多体雄蕊。

（2）花药　在花丝顶端，是雄蕊的主要部分。用刀片横切花药，可见它通常含有四个花粉囊，分为左右两半，中间以药隔相连。花粉囊中产生花粉。一般植物中，各雄蕊的花药分离，但有些雄蕊的花药彼此连合而花丝分离，叫聚药雄蕊。

5. 雌蕊

位于花的中央，包括柱头、花柱和子房。

（1）柱头　柱头是雌蕊顶端接受花粉的地方，故常扩展成球状、羽毛状等。柱头还常分泌液汁以适应受粉的需要。

（2）花柱　花柱是柱头与子房间的细棍状部分。它一方面支持着柱头，同时又是花粉管进入子房的通道。

（3）子房　雌蕊基部膨大的部分为子房，是雌蕊最重要的结构，成熟后发育为果实。

子房着生在花托上的位置有三种，如图 11-2 所示。

子房上位——子房仅其基部与花托连合着。

子房中位——子房下半部与花托连合。

子房下位——子房全部与花托或花筒连合。

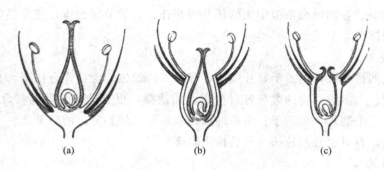

图 11-2　子房着生位置

（a）子房上位；（b）子房中位；（c）子房下位

　　子房内藏胚珠，外为子房壁。胚珠在授粉后发育为种子，子房壁发育为果实。

五、注意事项

　　注意区分两性花、单性花和无性花。一朵花既有雌蕊又有雄蕊为两性花，如桃。缺乏雄蕊或雌蕊为单性花，如蓖麻、柳树。既无雄蕊又无雌蕊或雌雄蕊退化的花为无性花（中性花），如向日葵花序周围的花。

六、思考题

　　采摘一种植物的花进行观察，主要从花冠类型、花的性别、子房位置、合生离生、花瓣轮数、花瓣数目、花序类型等进行分类识别观察。

实验十二 叶绿体色素的提取与分离

一、实验目的

了解和掌握叶绿体色素提取、分离的基本原理和方法。

二、实验原理

叶绿体中含有绿色素（包括叶绿素 a 和叶绿素 b）和黄色素（包括胡萝卜素和叶黄素）两大类。它们与类囊体膜相结合成为色素蛋白复合体。这两类色素都不溶于水，而溶于有机溶剂，故可用乙醇、丙酮等有机溶剂提取。提取液可用色谱分析的原理加以分离。因吸附剂对不同物质的吸附力不同，当用适当的溶剂推动时，混合物中各种成分在两相（固定相和流动相）间具有不同的分配系数，所以移动速度不同，经过一定时间后，可将各种色素分开。

三、实验器材

菠菜、研钵、漏斗、剪刀、滴管、培养皿（直径 11cm）、康维皿或平底短玻璃管、圆形滤纸、95％乙醇、石英砂、碳酸钙粉、推动剂：按石油醚∶丙酮∶苯（10∶2∶1）比例配制（体积比）。

四、实验步骤

1. 叶绿体色素的提取

（1）取菠菜或其他植物新鲜叶片 4～5 片（2g 左右），洗净，擦干，去掉中脉剪碎，放入研钵中。

（2）研钵中加入少量石英砂及碳酸钙粉，加 2～3mL 95％乙醇，研磨至糊状，再加 10～15mL 95％乙醇，离心 35min，提取上清液过滤于三角瓶中，残渣用 10mL 95％乙醇冲洗，一同过滤于三角瓶中。

（3）如无新鲜叶片，也可用事先制好的叶干粉提取。取新鲜叶片（以菠菜叶最好），先用 105℃杀青，再在 80℃下烘干，研成粉末，密闭贮存。用时称叶粉

2g 放入小烧杯中，加 95%乙醇 20～30mL 浸提，并随时搅动。待乙醇呈深绿色时，滤出浸提液备用。

2. 叶绿体色素的分离

(1) 取圆形定性滤纸一张（直径 11cm），在其中心戳一圆形小孔（直径约 3mm），另取一张滤纸条（5cm×1.5cm），用滴管吸取乙醇叶绿体色素提取液，沿纸条的长度方向涂在纸条的一边，使色素扩散的宽度限制在 0.5cm 以内，风干后，再重复操作数次，然后沿长度方向卷成纸捻，使浸过叶绿体色素溶液的一侧恰在纸捻的一端。

(2) 将纸捻带有色素的一端插入圆形滤纸的小孔中，使与滤纸刚刚平齐（勿突出）。

(3) 在培养皿内放一康维皿，在康维皿中央小室中加入适量的推动剂，把带有纸捻的圆形滤纸平放在康维皿上，使纸捻下端浸入推动剂中。迅速盖好培养皿（图 12-1）。此时，推动剂借毛细管引力顺纸捻扩散至圆形滤纸上，并把叶绿体色素向四周推动，不久即可看到各种色素的同心圆环。

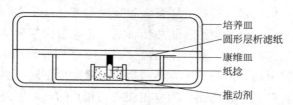

培养皿
圆形层析滤纸
康维皿
纸捻
推动剂

图 12-1　分离叶绿体色素的圆形纸层析装置

如无康维皿，也可在培养皿中放入一平底短玻璃管，以盛装推动剂。所用培养皿底、盖的直径应相同，且应略小于滤纸直径，以便将滤纸架在培养皿边缘上。

(4) 当推动剂前沿接近滤纸边缘时，取出滤纸，风干，即可看到分离的各种色素：叶绿素 a 为蓝绿色，叶绿素 b 为黄绿色，叶黄素为鲜黄色，胡萝卜素为橙黄色。用铅笔标出各种色素的位置和名称。

五、注意事项

分离色素用的圆形滤纸，在中心打的小圆孔，周围必须整齐，否则分离的色素不是一个同心圆。

六、思考题

(1) 研磨提取叶绿素时加入 $CaCO_3$ 有什么作用？

(2) 用不含水的有机溶剂如无水乙醇无水丙酮等提取植物材料，特别是干材料的叶绿体色素往往效果不佳，原因何在？

实验十三　植物激素配制与应用

一、实验目的

熟悉生长素、赤霉素等几种常用植物激素的配制方法及其应用。

二、实验器材

生长素（IAA）、赤霉素（GA$_3$）、95％乙醇、量筒（100mL）、滤纸、烧杯（250mL）、三角瓶（250mL）、试剂瓶（100mL）、喷雾器。

三、实验原理

植物激素是植物体内合成的对植物生长发育有显著作用的几类微量有机物质。也被称为植物天然激素或植物内源激素。

植物激素有五大类，即生长素（IAA）、赤霉素（GA$_3$）、细胞分裂素（CTK）、脱落酸（abscisic acid，ABA）和乙烯（ethyne，ETH）。它们都是些简单的小分子有机化合物，但它们的生理效应却非常复杂、多样。例如从影响细胞的分裂、生长、分化到影响植物发芽、生根、开花、结实、性别的决定、休眠和脱落等。所以，植物激素对植物的生长发育有重要的调节控制作用。

四、实验步骤

1. 植物激素配制

（1）生长素（IAA）配制　准确称取 IAA 100mg，先用少许 95％乙醇溶解，然后缓慢加入蒸馏水，加水至 100mL 定容。再倒入 100mL 的试剂瓶中，贴上标签，放于阴凉避光处备用。

（2）赤霉素（GA$_3$）　准确称取结晶赤霉素 100mg，用 95％的乙醇 1mL 溶解（赤霉素不溶于水，而溶解于酒精），然后加水稀释至 100mL，再倒入试剂瓶中，贴上标签，放在冰箱中或冷凉的阴暗处备用。

2. 植物激素的应用

（1）IAA 的应用　对花芽分化和花蕾的发育有抑制作用。当花芽分化开始时用 0、1mg/L、2mg/L 和 4mg/L 喷布。用以上系列浓度 IAA 喷布菊花呈初花状态，同样浓度系列处理菊花呈花蕾透色期。

（2）赤霉素的应用　赤霉素有代替低温解除休眠的作用，在早春或冬季催花时，经赤霉素处理可促使花芽在 4～7d 内萌动，处理浓度为以 0、40mg/L、80mg/L 和 160mg/L 为宜，处理方法是先将脱脂棉放在充实肥壮的雏菊芽上，然后每天将棉球滴湿，直至开始萌芽为止。分别处理花芽期、初花期和花蕾透色期。

五、注意事项

所用植物激素药品来源不同，纯度差别很大，实验中的浓度会产生偏差，因此实验前对浓度设定需要做预备试验。

六、思考题

（1）生长素处理浓度、时间对雏菊生长情况分析。
（2）赤霉素处理浓度、时间对雏菊生长情况分析。

七、附录

表 13-1　植物激素处理记载表

处理方式 处理时期	对雏菊用生长素处理的浓度/(mg/L)				对雏菊用赤霉素处理的浓度/(mg/L)				
	0	1	2	4	0	40	80	160	
花芽期									
初花期									
花蕾透色期									
效果分析：									

实验十四　动物胚胎发育

一、实验目的

观察并掌握不同生物胚胎发育各个时期的特点。

二、实验器材

显微镜，胚胎发育挂图，文昌鱼、蛙胚胎发育各个时期的整体装片。

三、实验原理

动物受精卵的早期发育一般都要经过卵裂、囊胚、原肠胚、神经胚和中胚层的发生等阶段。

受精卵的分裂称为卵裂，卵裂产生的细胞称为分裂球。分裂的结果形成一个多细胞的实心球状体，形如桑葚，称为桑葚胚。接着细胞继续分裂，细胞数目增多，细胞排列到表面，成一单层，中央成为一充满液体的腔。这个球形幼胚称为囊胚。细胞继续分裂，囊胚的一端内陷，囊胚腔逐渐缩小或消失，褶入的细胞层形成了一个新腔——原肠腔，即未来将发育成为消化管道的原肠。原肠的出现使动物的胚胎出现了外胚层和内胚层的分化，胚表面的细胞层为外胚层，褶入的细胞层为内胚层。高等动物的胚胎有三个胚层，即在内外胚层之间有中胚层，中胚层发生的方式随不同的动物而不同。

四、实验步骤

1. 文昌鱼胚胎发育观察

（1）卵裂　文昌鱼的受精卵是完全卵裂（图 14-1），第一次卵裂是经裂，均等卵裂，分裂沟将受精卵分成大小相等的两个卵型球。第二次卵裂仍为经裂、等裂，分裂面与第一次卵裂面互相垂直，这样成为大小相等的四个分裂球。

第三次分裂是纬裂，分裂面处在赤道面稍上方，把四个分裂球分成上下两层的八个分裂球。在八个分裂球之间存有空隙，通过两极与外界相通。第四次分裂为经裂，有两个分裂面，把八个分裂球分成十六个，上下两层，每层八个分裂球。第五次分裂为纬裂，有两个平行的分裂面，把胚胎分为四层，每层有八个分

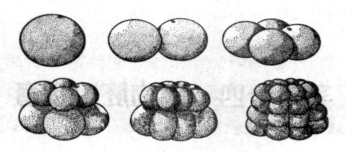

图 14-1　文昌鱼胚胎发育——卵裂

裂球，共三十二个分裂球。

（2）囊胚　是一个中空的球体，中间有较大的腔称为囊胚腔，四周由一层细胞所包围（图 14-2）。

（3）原肠胚　一个具有两层细胞层的怀状结构，中间的大腔即原肠腔。原肠腔通向外面的孔称为胚孔（图 14-2）。

（4）神经胚　外形为椭圆形，整个胚体外面的一层细胞是表皮，背部较平坦，前端可看到一小孔，此即前神经孔，它是神经管在前端的开口，神经管在脊索背面形成（图 14-2）。

图 14-2　文昌鱼胚胎发育

（a）文昌鱼囊胚；（b）原肠胚；（c）神经胚纵切

2. 蛙胚胎发育的观察

（1）卵裂　蛙的卵裂方式为不等全裂。在温度为 20℃时，受精后一般在两小时进行第一次卵裂。第一次分裂为经裂，受精卵分为大小相同的两个分裂球（图 14-3），第二次仍为经裂，分裂面与第一次分裂面互相垂直，分成大小相同的四个分裂球。第三次分裂是纬裂，分裂面位于赤道面上方，与前两次分裂面垂直，形成上下两层八个分裂球，上层较小，下层较大。第四次分裂为经裂，由两个经裂面将八个分裂球分为十六个分裂球。第五次分裂为纬裂，由两个分裂面，把上下两层八个分裂球分成四层，每层仍为八个分裂球，共三十二个分裂球。此后的分裂失去同步性，所以各层分型球的排列就更不规则，形成一个中空、球形的细胞团。

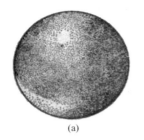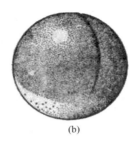

（a）　　　　　　　　（b）

图 14-3　蛙胚胎发育——卵裂

（a）受精卵；（b）2 细胞期

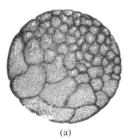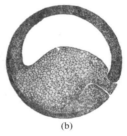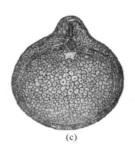

（a）　　　　　　（b）　　　　　　（c）

图 14-4　蛙胚胎发育

（a）蛙的囊胚；（b）蛙的原肠胚；（c）蛙的神经胚

　　（2）囊胚　第六次分裂后进入囊胚早期，形状像个篮球，动物半球的细胞小，颜色深，植物半球的细胞大且颜色浅，赤道区域的细胞大小，颜色深浅介于两者之间。随着卵裂的进行，分裂球逐渐变小。囊胚晚期，分裂球变得更小，其数量则相应地增加。在纵切面可看到，偏于动物半球处有一囊胚腔（图 14-4）。

　　（3）原肠胚

　　① 原肠早期　在囊胚晚期胚胎的赤道稍下方，产生一横的浅沟，沟的背缘即为背唇。背唇下方的浅沟为原肠腔形成的开始，背唇的出现，标志着原肠早期的开始和胚胎的背腹面对称的建立。

　　② 原肠中期　背唇由新月形向两侧缘继续延长形成侧唇，呈半圆形，此时即原肠中期。

　　③ 原肠晚期　侧唇向腹面继续延伸相遇形成腹唇。由背唇、侧唇、腹唇围成的环形孔称胚孔，胚孔被乳白色的卵黄细胞所充塞，称为卵黄栓，此时即原肠晚期（图 14-4）。

　　（4）神经胚　两侧唇向中央靠拢，使胚孔变为梨状，最后侧唇合并成一纵沟，称为原条。背部神经物质集中形成前宽后窄呈马蹄形的神经板，此区域较其他部分颜色稍浅。神经板两侧细胞加厚形成神经褶，随着胚胎逐渐展长，两侧神经褶向背方靠拢合并为神经管（图14-4）。

五、注意事项

注意比较文昌鱼与蛙的原肠胚的区别，特别是蛙原肠胚的卵黄栓，是为蛙的胚胎发育提供营养。

六、思考题

(1) 什么叫个体发育？个体发育经过哪些主要阶段？

(2) 绘文昌鱼、蛙的神经胚剖面图。

实验十五　普通果蝇的培养及生活史

一、实验目的

（1）掌握果蝇培养的条件和方法。

（2）掌握果蝇的实验技术。

（3）了解果蝇各阶段的形态。

二、实验器材

乙醚、酒精、琼脂、蔗糖、苯甲酸、酵母粉、水果（葡萄等）、纱布、棉花、滤纸、玉米粉、500mL三角瓶、20mL平底试管、灭菌锅、恒温箱、双目解剖镜、放大镜、小镊子、麻醉瓶、白瓷板、新毛笔。

三、实验原理

果蝇（*Drosophila melanogaster*）双翅目，果蝇属。具完全变态。果蝇在20～25℃时，每12d左右可完成一个世代，生活史较短；繁殖能力强，每只受精的雌果蝇可产卵400～500个。自20世纪初，果蝇作为遗传学实验材料就被广泛的应用，以果蝇为研究材料建立了摩尔根的基因的染色体学说。

果蝇全部生活史所需的时间，常因饲养温度和营养条件等而有所不同。在25℃下饲养，卵到幼虫期平均约为5d，蛹到成虫期仅需4.2d。因此当营养条件适合而在25℃饲养时，只需10d即可完成一代生活史。当温度低至10℃时，生活周期将延长至57d以上，而且生活力明显降低，如果高于30℃时则将引起不育和死亡（图15-1）。

四、实验步骤

1. 果蝇的培养

（1）取材　在温暖的季节里，把腐烂发酵的水果或购买的葡萄等水果捣烂，放入500mL三角瓶中，敞开盖，诱来果蝇取食。时间长些，果蝇将会繁殖，由此采到卵和幼虫。需作鉴定，分离出果蝇，等它们繁殖到一定数量时，用多层纱布盖住瓶口。

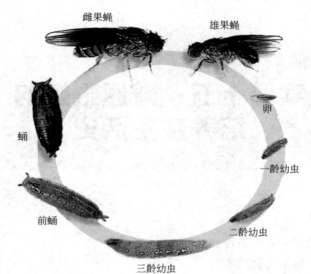

图 15-1　果蝇生活史（引自 http://itcamp.teacher.org.hk）

（2）**准备培养瓶**　取平底试管，洗净晾干。做一个纱布包的棉花塞，正好能不松不紧塞住瓶口，便于空气流通。把广口瓶放入消毒锅中，再剪一条比瓶短一些的狭长方形滤纸，也放入锅中，灭菌 20min。

（3）**制备培养基**　玉米粉-糖-琼脂培养基配制方便而经济适用，是实验室常用的一种。有两种常用量配比，如表 15-1 所示。

表 15-1　玉米粉-糖-琼脂培养基

配方	水	琼脂	蔗糖	玉米粉	苯甲酸	丙酸	酵母粉
1	75mL	1.5g	13.5g	10.0g	0.15～0.2g	—	适量
2	380mL	3.0g	31.0g	42.0g	—	2.5mL	适量

按配方 1，先将苯甲酸溶于少量的 95% 酒精中；将琼脂破碎放入总量约2/3的水中煮溶后，加入蔗糖搅拌。再将玉米粉和余下 1/3 的水调和成糊状（可在煮溶琼脂时调好），倾入正在煮沸的琼脂-蔗糖混合物中，然后加入溶于酒精的苯甲酸，不断搅拌，继续煮沸几分钟至黏稠均匀为止。趁热将配好的培养基倒入经过灭菌的培养瓶中（可够 3 瓶的用量），倾倒时注意避免沾到瓶口和壁上，随即用灭菌的纱布棉塞塞好瓶口，冷却后待用。用前加入微量干酵母粉或 1～2 滴新鲜酵母悬浮液。暂时不用的培养基应放在清洁冷冻处保存。

按配方 2，可将琼脂放入 190mL 水中加热溶解后，再加蔗糖煮沸；另将玉米粉和所余的 190mL 水调匀，然后将二液混合继续加热煮沸几分钟，最后加入丙酸搅匀倾入培养瓶中（15 瓶的用量），冷置待用，其余同上。

（4）**引入果蝇**　从恒温箱里取出培养瓶，如果瓶壁和培养基表面有水珠，应该用吸水纸吸干，以免果蝇入内被水珠沾住或溺死。把果蝇瓶口对准收集器皿口，稍为倾斜，果蝇会爬上或飞入培养瓶中。一般每只培养瓶放养 10～20 只，塞好棉花塞，贴上标签，注明日期。以后每隔3～4周更换一次新的培养基，并把果蝇转入新的培养瓶中，这样才可能长期饲养。

2. 果蝇生活史的观察

从培养瓶中用镊子或解剖针将果蝇的卵、幼虫及蛹轻轻的取出，用生理盐水浸洗一遍，解剖镜下观察。对果蝇成虫进行观察时，用乙醚麻醉，使果蝇处于昏迷状态。使用时将乙醚（2～3滴）滴到麻醉瓶的棉花球上（注意不要让乙醚流进瓶内），麻醉瓶要保持干燥，否则会粘住果蝇翅膀，影响观察。麻醉果蝇时，先将长有果蝇的培养瓶在海绵垫上敲，使果蝇全部震落在培养瓶底部，然后迅速打开培养瓶的棉塞，把果蝇倒入去盖的麻醉瓶中，并立即盖好麻醉瓶，待果蝇全部昏迷后，倒在白瓷板上进行观察。

（1）卵　羽化后的雌蝇一般在12h后开始交配。两天以后才能产卵，卵长约0.5mm，为椭圆形，腹面稍扁平，在背面的前端伸出一对触丝（filament），它能使卵附着在食物（或瓶壁）上，不致深陷到食物中去。

（2）幼虫　幼虫从卵中孵化出来后，经过两次蜕皮到第三龄期，此时体长可达4～5mm。肉眼观察下可见一端稍尖为头部，并且有一黑点即口器；稍后有一对半透明的唾腺，每条唾腺前有一个唾腺管向前延伸，然后汇合成一条导管通向消化道。神经节位于消化道前端的上方。通过体壁，还可以看到一对生殖腺位于身体后半部的上方两侧，精巢较大，外观为一个明显的黑色斑点，卵巢则较小，熟悉观察后可借以鉴别雌雄。

（3）蛹　幼虫生活7～8d后即化蛹，化蛹前从培养基上爬出附在瓶壁上，渐次形成一个梭形的前蛹，起初颜色淡黄、柔软，以后逐渐硬化变为深褐色，显示将要羽化成虫了。

（4）成虫的观察　果蝇成虫形态特征观察果蝇成虫分为头、胸、腹三部分，头部有一对大的复眼，三个单眼和一对触角；胸部有三对足，一对翅和一对平衡棒；腹部背面有黑色环纹，腹面有腹片，外生殖器位于腹面末端，全身有许多体毛和刚毛。雌蝇体形较大，腹部末端稍尖，第一对脚跗节前端无性梳，腹部腹面有六个腹片，外生殖器简单；雄蝇体形较小，腹部末端稍圆，第一对脚跗节前端有性梳，腹部腹面仅四个腹片，外生殖器复杂。

五、注意事项

（1）麻醉瓶要轻拿轻放，一定要水平放置。乙醚过量可以把果蝇麻醉致死。

（2）培养果蝇最方便的培养基是用水果，如葡萄。将水果捣碎，再加少许蔗糖进行培养。

六、思考题

（1）如何分辨果蝇成虫的性别？

（2）简述果蝇的生活史。

实验十六　果蝇唾腺染色体的观察

一、实验目的

（1）练习剖离果蝇三龄幼虫的唾腺，压制唾腺染色体玻片标本的方法。

（2）认识唾腺染色体上带纹的形态和排列，进一步研究和鉴别果蝇染色体结构。

二、实验器材

普通果蝇三龄幼虫活体，双筒解剖镜、显微镜（高倍及油镜）、解剖针、载片及盖片、酒精灯、吸水纸、醋酸洋红染液、生理盐水。

三、实验原理

果蝇唾腺染色体是处于永久性间期中的一种体细胞染色体配对形式。它普遍存在于双翅目昆虫某些物种的幼虫唾腺细胞内，是研究唾腺染色体常用的材料。果蝇在三龄幼虫时，唾腺发育到一定阶段，细胞并不再分裂，但DNA的复制还在进行，复制了 $10 \sim 15$ 次的所有的 DNA 都在一个细胞内，是 $2^{10} \sim 2^{15}$ 条染色体。这些分裂出来的至少一千多条的 DNA 都不分开排列在一起，看起来还像一条染色体，是比一般染色体大 200 倍的巨大染色体，又称为"多线染色体"。多线染色体的着丝粒常集中在一起，形成一个染色中心。

唾腺染色体具有横纹结构。这些横纹结构的形成，主要是由染色体在排列配对时有的地方紧密，有的地方疏松，而形成的带纹区与间带区，带纹区排列紧密，易被染色液着色，而间带区颜色较浅，有的几乎看不到颜色。因此在显微镜下显现出明暗相间的结构（图 16-1）。

四、实验步骤

（1）唾腺的剖取　选取发育良好的果蝇三龄幼虫，放在有一滴生理盐水的载玻片上。两手各持一支解剖针，用一支针压在虫体中部的稍后处，另一支针按在头部黑点处（口器）稍后，轻缓地向前移动，便可见头部扯开，唾腺也随之拉出。这时可看到一对透明而微白的长形小囊，即唾腺（图 16-2）。

（2）染色压片　将取出的唾腺放在染色皿或载片上，吸去生理盐水，滴加醋酸洋红染色 $15 \sim 20 \mathrm{min}$，取一条已染色的唾腺（或切取一部分），放到一张载片上，加一滴醋酸洋红后盖片，可以在酒精灯上稍微加热，覆以一条吸水纸，用铅

图 16-1　果蝇唾腺染色体

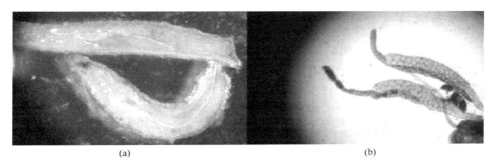

(a)　　　　　　　　　　　　　　　　　　　(b)

图 16-2　果蝇唾腺的剖离

（a）果蝇三龄幼虫；（b）剥离的唾腺

笔皮头或解剖针柄轻敲 2～3 下，然后用拇指适当用力压片，观察。要求将唾腺细胞核压破，染色体伸展开来而不破碎为好，可多压几次。

（3）观察　压好的玻片标本，先进行低倍镜观察，选出典型的细胞后，换高倍或油镜观察。可以观察到多条染色体在着丝区构成染色中心并向四周伸开。自染色体的终端区可以分辨出横向带纹。从压好的较为模式的片子中便可以看到分辨出四对染色体。

五、注意事项

（1）如果唾腺被拉断或未被拉出，可用解剖针在虫体前部三分之一处轻轻向前挤压出来，再仔细辨认出唾腺。

（2）注意在剖取和染色过程中切勿使腺体干燥。

六、思考题

（1）为什么果蝇唾腺染色体会呈现明暗相间的结构？

（2）绘制果蝇唾腺染色体结构图。

实验十七　果蝇的杂交

一、实验目的

通过果蝇的杂交实验，要求掌握果蝇的杂交技术，并验证和加深理解遗传的三条基本规律。

二、实验器材

纯系的野生型及不同的突变型果蝇；培养瓶、麻醉瓶、放大镜、毛笔或解剖针；洁净的滤纸和白瓷板或白卡片纸；乙醚以及记录本等。

三、实验原理

根据孟德尔的颗粒遗传学理论，基因是一个独立的结构与功能单位。在杂合状态时不发生混淆，完整地从一代传递到下一代。由该基因的显隐性决定其在下一代的性状表现。孟德尔第一定律分离规律指出，一对杂合状态的等位基因保持相对的独立性，其自交后代中表型分离比为 3∶1。孟德尔第二定律自由组合规律指出二对不相互连锁的基因所决定的性状，自交后代表型分离比为 9∶3∶3∶1。而基因连锁与交互定律指出同一条染色体上的两对基因连锁在一起，可以发生一定频率的交换，其测交后代可能出现一定频率的重组型。本实验将观察果蝇杂交后代的表型及其分离情况来验证以上遗传三大定律。

四、实验方法

1. 分离规律的验证：一对因子的杂交和测交实验。

选取具有一对长翅与残翅相对性状的果蝇杂交，观察后代中这一对相对性状的遗传表现，从而验证孟德尔分离规律。实验步骤如下。

（1）选取残翅处女蝇与野生型雄蝇各 3～5 只作为亲本（或其他具相对性状的类型），放入装好饲料的培养瓶中，瓶上贴好标签，注明杂交组合、日期及实验者姓名等。第二天检查一下亲本的成活情况，如有死亡时应给予补充。

（2）7～8d 后移出全部亲本，观察并核对亲本的性状。

（3）待培养瓶中成蝇孵出后，检查 F_1 代的有关性状。每 2～3d 检查一次，并作记录，共检查 3 次，共计 100～200 只，检查后的果蝇移去处理。

（4）选取 F_1 代果蝇 3～5 对移入新培养瓶中，进行兄妹交配繁殖。同时选 F_1 代的处女蝇与隐性亲本的雄蝇（残翅型）各 3～5 只，移入另一个新培养瓶中，进行测交实验。

（5）7～8d 后，从以上两组杂交的培养瓶中分别移出亲蝇，然后对各瓶中孵出的 F_2 代果蝇记录不同类型的数目，每隔1d 检查一次，检查计数的果蝇应立即移去处理，如此连续统计 3～4 次，约需 100～200 只。

将统计的 F_1 和 F_2 代个体数目，填写入下列表内。

F_1　　　　杂交组合：　　　　日期：　　　　实验者：

统 计 日 期	成 蝇 表 现 型	备　　注
总数		

F_2　　　　杂交组合：　　　　日期：　　　　实验者：

统 计 日 期	成 蝇 表 现 型 及 数 目	
	表现型（数目）	表现型（数目）
总数		
百分数		

（6）用 χ^2（卡平方）法测定实验结果是否与理论值相符合。

项　　目	野 生 型	残　　翅	合　　计
实验观察数（o）			
理论预测值（e）			
差数（d）			
$(o-e)^2/e=d^2/e$			

2. 自由组合规律的验证：两对因子的杂交实验

选取具有非同一连锁群的两对相对性状的果蝇，如灰身长翅与黑檀体残翅或其他类型者杂交，观察后代中这两对相对性状的遗传表现，从而验证孟德尔自由组合规律。实验步骤如下。

（1）选取灰身长翅的处女蝇与黑檀体残翅的雄蝇各 4～5 只，放入装好饲料的培养瓶中，瓶外贴好标签，注明杂交组合、日期、实验者姓名等，第二天要检查亲本成活的情况。

（2）7～8d 后移出亲本，并观察核对亲本的性状。

（3）待出现 F_1 成蝇后，观察有关性状的表现及数量。以后每隔两天统计记录一次，一共约 4 次，要求达到 100～200 只。检查记录过的果蝇要及时移去处理。

（4）取 F_1 雌雄蝇 4～5 对移入一个新培养瓶中，使其交配繁殖。

（5）7～8d 后移出 F_1 雌雄蝇，待 F_2 成蝇孵出后，每隔两天观察统计记录一次，要求统计到 200～300 只，将结果填写入下表中。

F_1　　　　杂交组合：　　　　日期：　　　　实验者：

统 计 日 期	成 蝇 表 现 型	备　　注
总数		

F_2　　　　杂交组合：　　　　日期：　　　　实验者：

统 计 日 期	成蝇表现型及数目				备　　注
总数					
百分数					

（6）用 χ^2（卡平方）法检测实验结果

项　　目	灰身长翅	黑身残翅	合　　计
实验观察数（o）			
理论预测值（e）			
差数（d）			
$(o-e)^2/e=d^2/e$			

3. 连锁交换规律的验证

选取具有连锁关系和相对性状的不同类型果蝇，进行杂交实验，通过分析后代性状的遗传表现，验证连锁与交换规律。实验步骤如下。

（1）选取黑身残翅处女蝇与灰身长翅雄蝇各 4～5 只（或其他相对类型），放入新培养瓶中，外贴标签注明杂交组合、日期及实验者姓名。

（2）7～8d 后移出亲本，要检查核对一下性状。

（3）待 F_1 孵化出成蝇后，鉴定其性状表现并统计记录。

（4）取 F_1 雄蝇与黑身残翅亲本处女蝇各 4～5 只，放入新培养瓶中进行回交测验；同时取 F_1 处女蝇与黑身残翅雄蝇各 4～6 只，放入另一新培养瓶中进行回交。

（5）7～8d 后，从两组培养瓶中各移去亲本，并检查核对。

（6）分别观察两组培养瓶中正反回交后代的遗传表现，统计并记录不同类型个体的数目，要求达到 100～200 只。简要说明出现的遗传现象，有交换发生时，试计算出交换率。将观察统计结果填入下表中。

F_1　　　杂交组合：　　　　日期：　　　　实验者：

统 计 日 期	成 蝇 表 现 型	备　　注
总数		

F_2　　　杂交组合：（F_1 雄性 X 黑身残翅雌性）　　　日期：　　　实验者：

统 计 日 期	成蝇表现型及数目			备　注
总数				

F_2　　　杂交组合：（F_1 雌性 X 黑身残翅雄性）　　　日期：　　　实验者：

统 计 日 期	成蝇表现型及数目			备　注
总数				

五、注意事项

（1）实验杂交的雌蝇应为处女蝇；雌蝇孵出后一般在 12h 内不进行交配，因此获得处女蝇的方法是：将已经孵化出的果蝇从培养瓶中全部移出（注意一个也不能留下），以后 12h 内孵化出的雌蝇均为处女蝇，即可分别收集作杂交亲本用。如能在 8h 内收集更为可靠，一般于前一天晚上 8 点以后将所有果蝇从培养瓶中移出，第二天早上 8 点收集到的雌蝇均为处女蝇。

（2）连锁互换实验中应注意雄性果蝇没有交换，因此只能用雌果蝇（杂交后）。

六、思考题

实验中，所选用的雌蝇都必须是处女蝇吗？

实验十八　藻类植物

一、实验目的

通过对衣藻、水绵和海带的观察，了解藻类形态和结构的主要特点。

二、实验器材

显微镜、载玻片、盖玻片、镊子、解剖针、培养皿、小烧杯、吸管、吸水纸、衣藻、水绵、海带等新鲜或浸泡标本。

三、实验原理

藻类植物为自养性的原始低等植物，植物体构造简单，没有真正的根、茎、叶的分化，但藻体形状和类型多样，大小差异也很大。大多数藻类为光合自养单细胞，如金藻门和裸藻门。少数藻类为多细胞，如海带为代表的褐藻门。

四、实验步骤

1. 绿藻门（Chlorophyta）的衣藻和水绵

（1）衣藻　用吸管吸取一滴衣藻液装片，置显微镜下观察，可见衣藻是呈卵圆形的单细胞体。在视野中可看到它从各个方向自由游动的情况，用吸水纸从盖玻片一端吸去一些水分，使衣藻游动减缓或稳定。仔细观察，在衣藻的细胞中有一个厚底杯状叶绿体，其杯底埋着一个蛋白核，在细胞前端杯状叶绿体的开口处充满着透明的细胞质，细胞质中央有一个圆形细胞核，红色眼点也位于细胞前端一侧，前端有鞭毛，注意衣藻鞭毛着生的位置、数目、长短（图18-1）。

（2）水绵　取绿色水绵丝状体1～2条装片，置显微镜观察，注意水绵的丝状体是不分枝的，其细胞多为圆筒形，每个营养细胞内有1条至数条带状的叶绿体，它在细胞中呈螺旋状排列，其上有一列蛋白核，液泡很大，一个细胞核在中央由原生质丝将它和周围原生质连着（图18-1）。

2. 褐藻门（Phaeophyta）的海带

观察海带的孢子体干制标本，它明显地分为带片，柄部和固着器三个部分。再观察浸泡的海带标本，可见成熟的孢子体带片中、下部两面或一面孢子囊密集

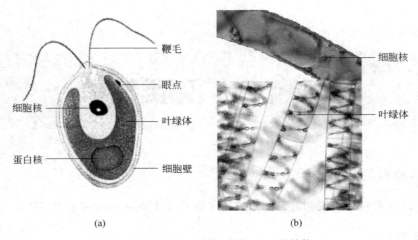

图 18-1 衣藻（a）和水绵（b）的结构

聚生成棕褐色的孢子囊群，用镊子取少许孢子囊装片，置显微镜观察孢子囊的形态特征（图 18-2）。

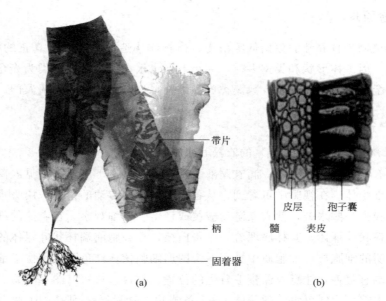

图 18-2 海带形态（a）和带片切片（b）

（引自 http://web.nuist.edu.cn/courses/zwx/content/Botany2/jibenleiqun）

取海带的带片切片标本，置显微镜观察，可分出以下几个部分。

（1）表皮 由 1～2 层含有色素体的方形小细胞构成，排列紧密，外有胶质层。

（2）皮层 由多层细胞组成，排列疏松，靠外面的部分具黏液道。

（3）髓部 由纤维状细胞构成。

五、注意事项

（1）为了清楚地观察衣藻的鞭毛，可以在盖玻片一端注入一滴碘液，用吸水纸从盖玻片另一端将碘液吸过去，使藻体染色。这时细胞核呈黄色，蛋白核呈蓝黑色，鞭毛因吸碘液膨胀加粗而易见。

（2）取已变黄褐色的水绵观察，可能看到正在进行有性生殖的藻丝，如无材料可取水绵有性生殖装片观察。

六、思考题

（1）绘制衣藻结构示意图。

（2）海带是否具有植物的基本结构？

实验十九　真　菌

一、实验目的

观察、认识真菌主要代表类型的形态、构造和生殖方式，掌握真菌生物的结构特点。

二、实验器材

显微镜、放大镜、载玻片、培养皿、镊子、解剖针、盖玻片、蒸馏水滴瓶、黑曲霉、青霉、蘑菇新鲜或浸泡标本、木耳、银耳标本。

三、实验原理

真菌营寄生或腐生生活，在生物界中扮演分解者的重要角色。除少数单细胞真菌（酵母）外，绝大多数真菌的生物体由菌丝构成，有细胞壁，主要成分为壳多糖。真菌主要有三种类型，它们是接合菌（Zygomycota）、子囊菌（Ascomycetes）和担子菌（Basidiomycetes）。接合菌菌丝匍匐生长有假根伸入基质吸收营养，如黑根霉；子囊菌菌丝有分支，产囊菌丝和营养菌丝共同形成子囊果，如青霉；担子菌的菌丝紧密结合，形成子实体，如香菇，很多担子菌是著名的食用菌（图 19-1）。

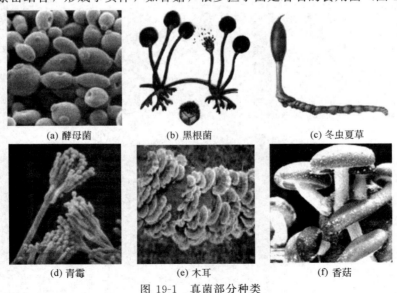

| (a) 酵母菌 | (b) 黑根菌 | (c) 冬虫夏草 |
| (d) 青霉 | (e) 木耳 | (f) 香菇 |

图 19-1　真菌部分种类

四、实验步骤

1. 青霉的观察

轻轻地刮取一些青霉，放在载玻片的水滴中，小心地把它们拉开，盖上盖玻片，制成装片。在显微镜下观察，可以看到青霉分生孢子梗在顶端分二三次小枝，呈扫帚形。青霉的分生孢子成串排列，离孢子梗越远的，孢子越先成熟，成熟后散落。青霉的菌丝无色，有横隔（图 19-2）。

2. 蘑菇新鲜或浸泡标本的观察

蘑菇担子果伞形，主要由菌盖（菌帽）和菌柄两部分组成。菌盖的下方有许多放射排列的片状物，叫菌褶。子实层着生在菌褶的两面，菌柄基部膨大部分叫菌托，这是子实体幼时外面的一层包被叫外菌幕，当菌柄长长时，残留在菌柄基部而形成的，菌柄中部有一环状物叫菌环，它是残留在菌柄上的内菌幕。

图 19-2　青霉分生孢子梗
（引自 http://web. nuist.
edu. cn/courses/zwx/
content/Botany2/jibenleiqun）

取伞菌横切片，置低倍显微镜观察，可见中央有一圆形菌柄，由菌柄向外辐射排列的许多长形条片，是其菌褶，转换高倍镜观察，可见到菌褶两边的子实层。注意担子和隔丝在子实层上紧密排列着。移动玻片，仔细寻找，子实层上大部分的担子，可看到一个或两个担孢子，具有四个担孢子的担子在玻片标本中很难找到（图 19-3）。

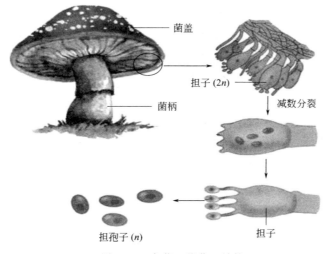

菌盖

担子 (2n)

减数分裂

菌柄

担子

担孢子 (n)

图 19-3　伞菌（蘑菇）结构

五、注意事项

制作青霉青霉制片时应把刮取的材料在水中分散开。

六、思考题

（1）青霉和蘑菇的繁殖结构有何异同？

（2）绘制青霉菌丝结构示意图。

实验二十　苔藓与蕨类植物

一、实验目的

（1）认识苔藓与蕨类植物主要代表植物的形态、构造。

（2）掌握苔藓与蕨类植物的特征。

二、实验器材

显微镜、解剖镜、载玻片、盖玻片、培养皿、镊子、解剖针、蒸馏水滴瓶、吸水纸、葫芦藓新鲜或浸泡标本、玻片标本、肾蕨新鲜标本。

三、实验原理

苔藓（bryophyta）是一类小型植物，大多生于阴湿之处。苔藓植物有类似根、茎和叶的部分，但没有维管系统。配子体占优势，孢子体寄生在配子体上，葫芦癣是代表植物。蕨类（psilotpsida）具有维管系统，孢子体发达，具有根、茎和叶的分化，生长在湿润、肥沃的阳坡。蕨类植物包括裸蕨类、石松类、真蕨类等。

四、实验步骤

1. 观察葫芦藓新鲜标本

（1）观察葫芦藓配子体　下有假根，上有茎、叶。茎长而直立，茎上着生螺旋状排列的绿叶，较老部分的叶片变成褐色，有的已脱落。茎的地下部分，生有假根。葫芦藓是雌雄异株。取雄株新鲜标本观察，茎顶有宽而薄的特化叶片，这种特化叶形成一个连座式的叶丛，形如一朵小花。春季采集的标本，在叶丛中生有许多精子器。用镊子取少许精子器装片，并用镊子柄轻压盖玻片，后置显微镜下观察。其精子器为棒形囊状，下有短柄。有的精子器的壁被压破，精母细胞流出，有时还可看到成熟精子器顶端放出精子的情况［图 20-1（a）］。

（2）观察葫芦藓雌株新鲜标本　它的茎顶没有特化叶，枝顶形如一个叶芽。春季采集的标本，枝顶中部生有颈卵器，用镊子折下枝顶，放在载玻片上，置解剖镜下，用两根解剖针将叶片剥开，可见瓶状颈卵器。未成熟的颈卵器呈绿色，成熟的颈卵器呈黄褐色［图 20-1（b）］。

（3）观察葫芦藓的孢子体　它生于雌配子枝顶。以其足插入雌配子体枝顶组织中，肉眼不易看见。葫柄细长。顶部有一个孢蒴。孢蒴是孢子体的主要部分，

(a) 葫芦藓精子器　　　　(b) 颈卵器

图 20-1　葫芦藓精子器（a）与颈卵器（b）

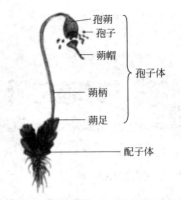

图 20-2　葫芦藓配子体与孢子体

（引自 http://web. nuist. edu. cn/courses/zwx/content/Botany2/jibenleiqun）

其结构较复杂。注意在蒴上套有蒴帽，用镊子轻轻揭去它，可见孢蒴顶端有蒴盖，再小心摘掉蒴盖，在蒴囊开口边缘有一圈蒴齿。压破蒴囊，可见其内的黄色孢子被挤出（图 20-2）。

2. 观察肾蕨原叶体和孢子囊群

（1）显微镜下原叶体小、很薄，为绿色、略呈心形的叶状体，有背、腹面。腹面有假根，假根附近有精子器，在心形凹陷处有几个颈卵器（图 20-3）。

（2）在肾蕨等叶背面具有褐色孢子囊群的地方刮取一点材料，制成临时装片。显微镜下观察一个孢子囊结构，可见孢子囊具长柄，孢子囊壁由一层细胞组成。囊壁

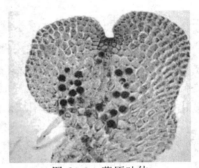

图 20-3　蕨原叶体

有一纵行内切向壁和侧壁增厚的细胞，称为环带，其中有少数不加厚的细胞称为唇细胞，唇细胞可使孢子囊开裂和散出孢子（图 20-4）。

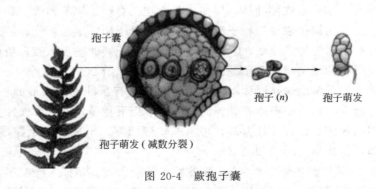

图 20-4　蕨孢子囊

（图 20-3、图 20-4 引自 http://web. nuist. edu. cn/courses/zwx/content/Botany2/jibenleiqun）

五、注意事项

苔藓植物应在潮湿阴暗的地方采集。

六、思考题

（1）苔藓植物和蕨类植物结构上有哪些区别？

（2）绘制葫芦藓的孢子体孢蒴结构。

实验二十一　种子植物

一、实验目的

（1）了解马尾松为代表的裸子植物的营养器官和繁殖器官的形态构造，掌握裸子植物的主要特征。

（2）了解蔷薇为代表的被子植物的营养器官和繁殖器官的形态构造，掌握被子植物的主要特征。

二、实验器材

马尾松带叶的小枝、雄球花、球果及种子、蔷薇属的叶枝、花和果实、显微镜、解剖镜、放大镜、解剖刀、解剖针等。

三、实验原理

种子植物孢子体有发达的维管系统，繁殖产生种子，更加适应陆地生活。裸子植物种子裸露，被子植物种子外被果皮包裹，被子植物有双受精现象，形成三倍体胚乳。裸子植物包括苏铁、银杏、松柏等种类；被子植物种类繁多，在地球大多数地区占有生长优势。

四、实验步骤

1. 马尾松的观察

（1）马尾松小枝的观察

① 冬芽长圆形或卵状圆柱形，密被褐色鳞片。

② 叶2针1束，基部有宿存叶鞘，将针叶放在解剖镜下观察，叶缘有细锯齿，叶的四周有白色气孔线。

（2）雄球花和雌球花观察

花雌雄同株，通常雄球花簇生于当年新枝的基部，雌球花则生长在新枝的顶端。

① 雄球花（小孢子叶球）　观察雄蕊在花轴上的排列方式：用镊子取下雄蕊放在放大镜下观察，每个雄蕊在花轴上有几个花药？用解剖针把花药打开，取成

熟的花粉粒在低倍镜下观察，每一花粉粒的两端有两个气囊，这种构造，保证了花粉粒随风传播时，能浮游于空气中，落在雌球花的胚球上（图21-1）。

② 雌球花（大孢子叶球）　观察球鳞在花轴上的排列方式，用镊子取下球鳞放在放大镜下观察，在球鳞的腹面可以看到两个白色的突出小体，就是胚珠，胚珠的下方有两条须状物，其间就是珠孔开口的方向。因此，胚珠是倒生的，不为珠鳞所包被；在珠鳞背面有一个鳞片状物称为苞片。苞片和球鳞离生，但以后并不继续生长，只有球鳞长大后形成木质化，称为种鳞（图21-2）。

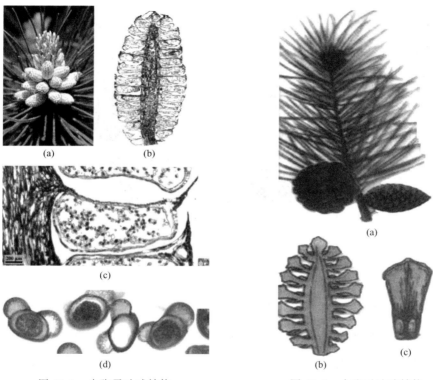

图 21-1　小孢子叶球结构

（a）小孢子叶球；（b）小孢子叶球纵切；（c）花药；（d）成熟花粉

图 21-2　大孢子叶球结构

（a）大孢子叶球；（b）大孢子叶球纵切；（c）球鳞着生二胚珠

（图21-1、图21-2引自 http://web.nuist.edu.cn/courses/zwx/content/Botany2/jibenleiqun）

（3）球果和种子

取一成熟的球果，用解剖刀或枝剪取下一片带有两个种子的种鳞，种鳞的鳞盾菱形，扁平或微隆起，鳞脐微凹，再观察种子具翅，翅的部分是由珠鳞表面组织产生。

2. 蔷薇的观察

（1）蔷薇属某一种的叶枝的观察

羽状复叶，小叶7～9枚，近圆形，边缘有锯齿；托叶小，下部与叶柄连生。

（2）花

花两性，花萼有五个萼片，花冠有五个离生的花瓣（有的种类有重瓣花，为萼片的倍数或更多，如月季、野蔷薇等）；雄蕊多数，离生；花托深凹陷成瓶状、中空，密腺生于花托口边缘上；花柱伸出瓶状的花托口外，用刀片将花托纵切可看到多数离生的雌蕊着生在瓶状花托的内壁上，子房并不与花托合生，只是花托的形状发生了变化，仍属于子房上位。

（3）果实

果实为瘦果，成熟时由一肉质的花托所包围形成聚合瘦果，特称为蔷薇果（图21-3）。

(a) 蔷薇花结构　　　　　　　(b) 蔷薇花果实

图 21-3　蔷薇花结构（a）与果实（b）

（引自 http://web.nuist.edu.cn/courses/zwx/content/Botany2/jibenleiqun）

五、注意事项

观察马尾松雄球花的花粉粒时，需用放大镜或在解剖镜下操作。小心剥离出花粉粒，仔细观察上面的两个气囊。

六、思考题

裸子植物和被子植物的主要特征是什么？

实验二十二　原生动物

一、实验目的

通过眼虫、变形虫、草履虫及其他原生动物的观察，了解原生动物门的主要特点。

二、实验器材

显微镜、载玻片、盖玻片、吸管、吸水纸、原生动物培养液。

三、实验原理

原生动物是动物界里最原始、最低等的动物。它们的主要特征是身体由单个细胞构成的，因此也称为单细胞动物。出现细胞内分化，由细胞质分化出各种细胞器来实现相应的生命功能。例如用来运动的有鞭毛、纤毛、伪足，摄食的有胞口、胞咽，防卫的有刺丝泡，调节体内渗透压的有伸缩泡等。原生动物门的重要纲有鞭毛纲、肉足纲、纤毛纲。

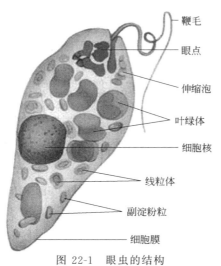

图 22-1　眼虫的结构

（引自 http://dj003.k12.sd.us/
images/cells/）

四、实验步骤

1. 眼虫的观察

（1）取眼虫培养液一滴于载玻片上，加盖玻片。先在低倍镜下观察。在镜内可看到许多绿色游动的眼虫。注意它们的形体，观察它们是如何运动的，当眼虫不甚活动时，常呈现出一种蠕动，称眼虫式运动。在高倍镜下观察一个蠕动的眼虫，注意其身体蠕动的情形（图 22-1）。

（2）眼虫的前端钝圆，后端尖削。在前端有一个略呈长圆形无色透明的部分，称储蓄泡；前端的一侧有一红色的眼点；细胞内有许多椭圆形小体，称叶绿体；在身体中央稍靠后方有一圆形透明的结构即细胞核；将光线调暗些，可看到虫体的前端有一根鞭毛，在不停地摆动；在前端还可看到呈放射状的伸缩泡；在虫体边缘有副淀粉粒。在盖玻片的一侧加一小滴碘液能将鞭毛及细胞核染成褐色。

副淀粉粒及伸缩泡不易看到。有时在视野内可看到圆形不动的个体，外面形成一层较厚的包裹。眼虫形成包裹有何意义？

2. 大草履虫的观察（图 22-2）

（1）首先分辨前、后端。前端较圆，后端较尖。然后观察草履虫怎样运动。

（2）选择一个比较清晰而又不太活动的草履虫观察其内部构造。虫体最外为表膜，有弹性。将光线调暗一些，可看到虫体满覆纤毛，时时在摆动。表膜内是透明无颗粒的外质。外质内有与表膜垂直排列的折光性强的椭圆形的刺丝泡。外质里面是颗粒状的内质。

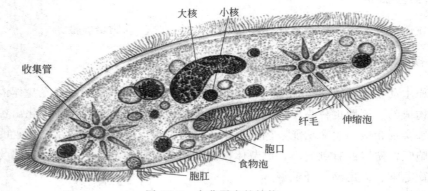

图 22-2　大草履虫的结构

（引自 http://shengwu. xueke. cn/2006/2006-11-13/20061113080023. shtml）

（3）从虫体前端起，有一斜向后行直达体中部的凹沟是口沟，在口沟的后端有胞口，胞口下有一导入内质的短管为胞咽。胞咽内有颤动的纤毛，具运输食物的功能。

（4）内质里有大小不同的食物泡，在虫体的前端和后端各有一个圆的亮泡，此即为伸缩泡。当伸缩泡缩小时，可见周围有六七个放射状的长形的透明小管，即收集管。注意前、后端伸缩泡之间及伸缩泡与收集管之间收缩时有何规律？它们有何功用？

（5）大草履虫有两个细胞核，一大核一小核在内质中央，生活时小核不易见。在盖玻片一边滴 1 滴 5% 的冰醋酸，另一边用吸水纸吸水，过 2～3min 后在光线比较充足的情况下，用低倍镜可观察到虫体的中部被染成黄白色。呈肾形的结构为大核。转高倍镜可见大核凹处有一个点状的结构，即为小核。

3. 变形虫的观察

（1）用吸管从培养液底部的湿沙表面取数滴于载玻片上，加盖玻片，然后用

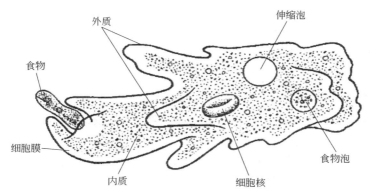

图 22-3　变形虫的构造及伪足的形成

（引自 http://schoolnet. gov. mt/biology/Amoeba1. JPG）

低倍镜观察。一般变形虫体较小且几乎透明，在低倍镜下是极浅的蓝色，当变形虫缓慢移动时，身体不断地改变形状。根据这两个特点在镜下仔细寻找（图 22-3）。

（2）找到一个变形虫后，换高倍镜观察，变形虫的最外面为质膜，其内为细胞质。变形虫的细胞质明显地分为两部分，外边一层透明的为外质，外质里面颜色较暗，含有颗粒的部分叫内质，在内质中央有一扁圆形、较内质略稠密的结构为细胞核，在内质中还可看到一些大小不同的食物泡和伸缩泡。伸缩泡是一个清晰透明的圆形的泡，时隐时现。

（3）变形虫的运动　当变形虫移动时，细胞质随之流动。其体表不断突出，形成伪足。

（4）摄食　如果发现一变形虫正在取食，应详细观察这种动作。不能消化的渣滓则经虫体的表面（运动中形成的后端）排出体外。

五、注意事项

（1）在自然界中取原生动物水样最好在每年的 6～8 月。

（2）为限制草履虫的迅速游动以便观察，可将少许棉花撕松，放在载玻片上，滴上草履虫培养液，盖好盖玻片，在低倍镜下观察。如果还不能拦阻草履虫，则取吸水纸放在盖玻片的一侧，将水吸去一些（注意不要吸干），再进行观察。

（3）在培养液的底部取样品才能找到变形虫，而且观察时光线应调暗。

六、思考题

（1）绘眼虫放大图，标出各部分的结构。

（2）绘草履虫放大图，标出各部分的结构。

（3）绘变形虫放大图，标出各部分的结构。

（4）总结单细胞动物有哪些细胞器的分化，各有什么功能？

七、附录

材料来源

（1）眼虫的采集和培养　在不流动的、腐殖质较多的小河沟、池塘或临时积有污水的水坑中，尤其是带有臭味发绿色的水中常可采到眼虫，眼虫大量繁殖时，水呈绿色。将富含腐殖质的土壤少许置于试管中，加水至试管 2/3 处，以棉花塞住管口，煮沸 15min，冷却过滤。24h 后，可将采得的眼虫接入，置于向阳处培养，一周后可得大量眼虫。

（2）变形虫的采集和培养　变形虫常生活在较为清净、缓流的小河或池塘中。预先在培养皿中加 20mL 蒸馏水，再放 4 粒大米备用。取含有变形虫的水少许，置于双筒镜下或显微镜下，以微吸管尽量将其他动物除去，然后将此液倾入培养皿内，加盖置于 15～20℃阴凉处，约 6 周后即有大量变形虫。

（3）草履虫的采集和培养

① 采集　在有机质丰富且不大流动的污水河沟或池塘里可以采到。

② 培养　常用 1‰ 的稻草水培养草履虫。1g 稻草秆切成 1 寸（1 寸＝3.3cm）左右的小段，加水 100mL，放入锥形瓶中，瓶口塞好棉花，煮沸30min，放 24h 后即可应用。取少量带有草履虫的水注入培养皿内，在双筒解剖镜下用微吸管挑取草履虫，重复挑 2～3 次，然后注入稻草水的培养液中。将培养液放在 20～25℃的温度下，不被阳光直射的地方，一周左右在培养液内即可见很多游动的小白点，这就是草履虫。注意，每隔半个月（最多 1 个月）需用培养液接种一次，方法如前。

实验二十三　河　蚌

一、实验目的

通过对河蚌外形及内部解剖的观察，了解软体动物门的一般结构及特征。

二、实验器材

显微镜、解剖镜、放大镜、蜡盘、解剖器、墨水、活体及浸制河蚌标本。

三、实验原理

软体动物是动物界的第二大类群，种数仅次于节肢动物。已知的种类不少于10万种。除化石种类以外，现存的软体动物有8万多种。石鳖、田螺、角贝、河蚌、乌贼等都是人们熟知的软体动物。软体动物体柔软而不分节，一般分头-足和内脏-外套膜（由背侧的内脏团、外套膜及外套腔组成）两部分；无真正的内骨骼；真正的体腔退化为生殖腔和围心腔；常有大型消化腺体；排泄器官为肾，海生种类排泄氨或尿素，陆生腹足类排尿酸。

河蚌是常见的淡水瓣鳃类，分布极广，多栖息在江河湖泊，池沼水田的底部，以其肉足掘入泥沙内，留其后半部露于泥沙外面，借外套膜形成的进水管引导水流进入外套腔，从而滤取食物和进行呼吸。

四、实验步骤

1. 外部形态

壳左右两瓣，等大，近椭圆形，前端钝圆，后端稍尖；两壳铰合的一面为背面，分离的一面为腹面。

（1）壳顶　壳背方隆起的部分，略偏向前端。

（2）生长线　壳表面以壳顶为中心，与壳的腹面边缘相平行的弧线。

（3）韧带　角质，褐色，具韧性，为左右两壳背方关联的部分。

2. 内部解剖

用解剖刀柄自两壳腹面中间合缝处平行插入，扭转刀柄，将壳稍撑开，然后插入镊子并取代刀柄，取出解剖刀，并将一壳内表面紧贴贝壳的皮肤皱褶轻轻分开，再以刀锋紧贴贝壳切断在前后近背缘处的闭壳肌，便可揭开贝壳，进行下列观察（图 23-1）。此项操作如有开壳器，则更容易、方便。

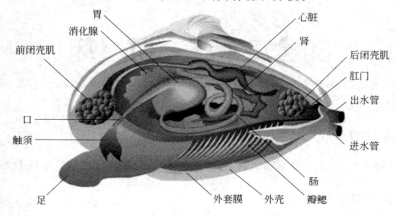

图 23-1　河蚌内部结构示意图

（引自 http://7salemanimalkingdom. wikispaces. com/Mollusks）

闭壳肌为体前、后端各一大型横向肌肉柱，在贝壳内面留有横断面痕迹。伸足肌为紧贴前闭壳肌内侧腹方的一小束肌肉，可在贝壳内面见其断面痕迹。缩足肌为前、后闭壳肌肉内侧腹方的一小束肌肉，可在贝壳内可见其断面痕迹。外套膜薄，左右各一片，两片包含的空腔为外套腔。外套膜的后缘部分合抱形成的两个短管状结构，腹方的为入水管，背方的为出水管。足位于两外套膜之间，斧状，富有肌肉。

（1）呼吸系统

① 瓣鳃　将外套膜向背方揭起，可见足与外套膜之间有两个瓣状的鳃，即鳃瓣，靠近外套膜的一片为外鳃瓣；靠近足部的一片为内鳃瓣。用剪刀从活河蚌上剪取一小片鳃瓣，置于显微镜下观察，看其表面是否有纤毛在摆动？这些纤毛对河蚌的生活起什么作用？

② 鳃小瓣　每一鳃瓣由两片鳃小瓣合成，外方的为外鳃小瓣，内侧的为内鳃小瓣。内、外鳃小瓣在腹缘及前、后缘彼此相连，中间则有瓣间隔把它们分开。

（2）循环系统

① 围心腔　位于内脏团背侧。贝壳铰合部附近有一透明的围心膜，其内的空腔为围心腔。

② 心脏　位于围心腔内，由 1 心室、2 心耳组成。心室长圆形富有肌肉的囊，能收缩，其中有直肠贯穿。心耳位于心室下方左、右两侧的三角形薄壁囊，也能收缩。动脉是由心室发出的血管，沿肠的背方向前直走者为前大动脉；沿直

肠腹面向后走者为后大动脉。

（3）排泄系统

由肾脏和围心腔腺组成。

① 肾脏　一对，位于围心腔腹面左、右两侧，由肾体及膀胱构成。沿着鳃的上缘剪除套膜及鳃，即可见到。膀胱位于肾体的背方，壁薄，末端有排泄孔开口与内鳃瓣的鳃上腔。

② 围心腔腺（凯伯尔氏器）　位于围心腔前端两侧，分支状，略呈黄褐色。

（4）生殖系统

雌雄异体。生殖腺均位于内脏团内，肠的周围。除去内脏团的外表组织，可见白色的腺体（精巢）或黄色腺体（卵巢）。位于内脏团内。左右两侧生殖腺各以生殖孔开口与内鳃瓣的鳃上腔内，排泄孔的前下方。

（5）消化系统

细心剖开内脏团，依次观察下列器官。

口位于前闭壳肌腹侧，横裂缝状，口两侧各有两片内外排列的三角形触唇，口后的短管为食管。食管后膨大部分是胃。肠盘成曲折形位于内脏团内。直肠位于内脏团背方，从心室中央穿过，最后以肛门开口于后闭壳肌背方、出水管的附近。

（6）神经系统

主要有三对分散的神经节组成。

① 脑神经节　位于食管两侧，前闭壳肌与伸足肌之间，用尖头镊子小心撕去该处少许结缔组织，并轻轻掀起伸足肌，即可见到淡黄色的神经节。

② 足神经节　埋于足部肌肉的前 1/3 处紧贴内脏团下方中央。

③ 脏神经节　蝴蝶状紧贴于后闭壳肌下方，用尖头镊子将表面的一层组织膜撕去，即可见到。

沿着三对神经节发出的神经，仔细的剥离周围组织，在脑、足神经节，脑、脏神经节之间可见有神经连接。

五、注意事项

解剖河蚌的足神经节时，必须认准位置，剥除肌肉时需细心，以防损坏神经节。

六、思考题

（1）绘制河蚌内部结构图。

（2）比较瓣鳃纲与腹足纲因生活方式不同，形态结构上产生了哪些差异？

实验二十四　对　虾

一、实验目的

通过观察对虾的外形及内部结构，了解甲壳纲动物在形态结构上的主要特征。

二、实验器材

新鲜对虾或对虾浸制标本、解剖器械（解剖盘、解剖刀、解剖剪、解剖镊、解剖针）。

三、实验原理

节肢动物是动物界里最大的一门，种数繁多，分布极广。在已知的一百多万种动物中，节肢动物占85％左右，而且它们的个体数目也是十分惊人的。节肢动物门主要有蛛形纲、甲壳纲和昆虫纲。

甲壳纲动物的躯干由数个节组成。一些节可以融合到一起形成比较大的躯干部分（体段）。总的来说甲壳亚门动物的躯干可以分三个大部分：头部、胸部和腹部。胸部和腹部的区分主要由外肢的组合体现出来。有时头部和胸部可能也会融合到一起而组成一个头胸部。

四、实验步骤

1. 外部形态

对虾体长而侧扁，分为头胸部和腹部（图24-1）。

（1）头胸部

头部与胸部愈合（头部五节，胸部八节），共同构成头胸部，外被头胸甲，两侧有复眼，各有一能活动的眼柄。

观察两对孔，即生殖孔、排泄孔。

头胸部附肢共有十三对，腹部六对，用镊子由身体后部向前依次把一边的附肢摘下，并把它们按原来顺序排列于解剖盘中，再自前向后依次观察（图24-2）。

① 第一触角（小触角）。

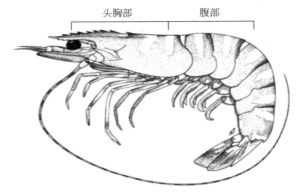

图 24-1　对虾的外形

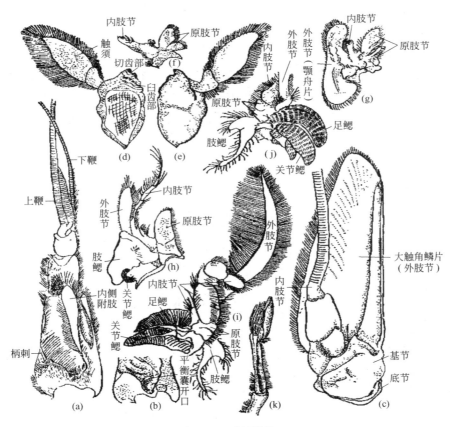

图 24-2　对虾附肢

（a），（b）第一触角；（c）第二触角；（d），（e）大颚；（f）第一小颚；

（g）第二小颚；（h）第一颚足；（i），（j）第二颚足；（k）第三颚足

② 第二触角（大触角）。

③ 大颚　原肢成为咀嚼器，可分为扁的切齿部和较平的臼齿部，前者边缘有数小齿，后者有小突起，内肢分二节，宽大，叶片状。

④ 第一小颚　原肢二节，小片状，位于内侧，内缘有刚毛，内肢分为二节，在外侧。

⑤ 第二小颚　原肢由片状的二节组成，每节分为二小片，外肢发达。呈叶片状，称颚舟片。

⑥ 第一颚足　原肢二节，底节基部侧生一薄片状的顶肢，即肢鳃。内肢分五节，须状。

⑦ 第二颚足　原肢二节，底节侧生一肢鳃，并向外突出，成为足鳃。

⑧ 第三颚足　原肢二节，其上着生一侧鳃、一肢鳃、二关节鳃。

⑨ 步足五对　原肢二节，内肢五节，注意观察各步足鳃的情况，比较各步足的差异，并设想其功能。

（2）腹部

分七节，前六节具成对附肢，其原肢两节，内外肢多为叶片状，尾节无附肢，略呈锥状，各节被外骨骼，可分为背面的背片、腹面的腹片及侧面下垂的肋片。

① 第一附肢　雌虾内肢极小，外肢发达，雄虾两内肢愈合成雄性交接器，外肢正常。

② 第二至第五附肢　均正常。

③ 第六附肢　原肢一节，粗短，内外肢均大，鳍状，与尾节构成扇状的尾扇。

2. 内部解剖

先将头胸甲左侧下半部小心地用剪刀除去，再轻轻地将头胸甲全部剥去，小心除去腹部背侧片（图 24-3）。

（1）循环系统

① 心脏　位于头胸部背方后缘，为稍扁的肌肉质囊。

② 动脉　六条。

（2）生殖系统

① 雄性　精巢一对，白色，位于围心窦腹面，精巢通出一对细长的输精管至第五步足基部膨大成贮精囊，再通至一细小生殖孔。

② 雌性　卵巢一对，愈合成叶状，纵贯全身背部两侧，输卵管细小，一对，开口于第三步足基部。

（3）消化系统

① 口　位于两大颚之间。

② 食道　由口向背面上伸的一短而宽的管道。自背侧拨开生殖腺即可看见。

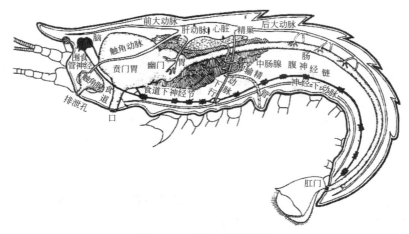

图 24-3　对虾解剖结构图

（引自 http://tieba.baidu.com/f? kz＝503102291）

③ 胃　长囊状，大而壁薄。

④ 肠　接于胃后，位于腹部背面，开口于肛门。

⑤ 肝脏　发达，暗红色，一对，位于胃的两侧，有肝管通中肠。食道、胃、肠均具几丁质内膜。

（4）排泄系统

位于大触角基部的触角腺。

（5）神经系统

用解剖刀由背部稍偏向两侧向腹部切开。

① 脑　位于食道上方，较大，有多条分支。

② 围食道神经　一对，自脑发出绕过食道至腹部，同时与腹神经索相连。

③ 腹神经索　一条，沿体之腹中线向后行。

五、注意事项

（1）取附肢时要用镊子从附肢基部摘取，沿一侧摘取，若一侧摘取不完整，可再摘去另外一侧。

（2）心脏较小，摘取时注意，取下后可放入一加水的培养皿中观察。

六、思考题

（1）绘制对虾解剖图，示消化、循环、排泄、神经系统。

（2）绘制对虾一侧附肢简图。

实验二十五　鲫　鱼

一、实验目的

(1) 通过对鲫鱼外形观察和内部解剖，了解硬骨鱼类的主要特征。

(2) 掌握硬骨鱼内部解剖的常规操作方法。

二、实验器材

鲜活鲫鱼，解剖剪、解剖镊、解剖盘、吸水纸、脱脂棉。

三、实验原理

鲫鱼（*Carassius auratus*）属于硬骨鱼纲，鲤形目，鲤亚科，鲫属。体长15～20cm，呈流线型，体高而侧扁，前半部弧形，背部轮廓隆起，尾柄宽；腹部圆形，头短小，吻钝。鳞大，侧线平直。鲫鱼具有鱼类的典型结构特点：运动器官是鳍；骨骼由中轴骨和附肢骨组成，具有头骨和脊柱；消化系统由消化管和消化腺组成，消化管复杂；鳃为呼吸器官，具有鳔；循环系统是单循环；排泄系统包括肾、输尿管、膀胱等；生殖系统包括由精巢、输精管构成的雄性生殖器官或由卵巢、输卵管组成的雌性生殖器官。在实际解剖中，我们可以观察到以上所述结构。

鲫鱼主要是以植物为食的杂食性鱼，喜群居，在我国分布广泛，全国各地水域常年均有生产，为我国重要食用鱼类之一。

四、实验步骤

1. 外部形态

每人取一条鲫鱼（根据条件，可2～4人），置于解剖盘中观察外形。鲫鱼外形呈纺锤形，左右侧扁，全身可分为头、躯干和尾三部分。

(1) 头部　口在端部，两侧无口须；有成对的鼻孔，用解剖针从鼻孔探入，了解鼻腔是否通口腔。头两侧有鳃盖。眼1对，无眼睑。眼后两侧为宽扁的鳃盖，鳃盖后缘有膜状的鳃盖膜，覆盖鳃孔。

(2) 躯干和尾部　鲫鱼全身被覆瓦状排列的圆鳞，用手抚摸鱼体表确定是否黏糊。躯体两侧中间的一行鳞片均具有小孔，形成侧线，此行鳞片称为侧线鳞，主要起感知水流方向、速度、障碍物等作用。体具有成对的胸鳍和腹鳍；注意不成对的背鳍、臀鳍和尾鳍的位置及长短不同。肛门和泄殖孔分别开在腹部和臀鳍之前。

2. 内部解剖

将鲫鱼处死后放在解剖盘里，使腹部向上，用解剖剪从肛门向前剪开，沿腹中线经鳍中间剪到下颌之后，再使鱼侧卧，左侧向上，自肛门前的开口向背方剪开，沿脊柱下方剪至鳃盖后缘，再沿鳃盖后缘剪至胸鳍之前，除去左侧体壁，即可观察。鲫鱼的内脏包括消化系统、呼吸系统、泄殖系统和循环系统的一部分（图 25-1）。

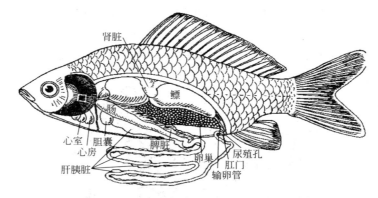

肾脏
鳔
心室
胆囊
脾脏
心房
卵巢
尿殖孔
肛门
肝胰脏
输卵管

图 25-1　鲫鱼的内部结构（仿 http：//bgy.gd.cn/biology/wangye/chuyixia/fish.htm）

（1）消化系统　包括由口腔、咽、食道和肠组成的消化道以及由肝胰脏、胆囊组成的消化腺。主要观察食管、肠肛门和胆囊。

① 口腔　剪去鳃盖及一部分上颌，可见口腔由上下颌合成，颌无齿，口腔背壁由厚的肌肉组成，表面有黏膜，腔底后半部有一不能移动的三角形舌。

② 咽　口腔后，左右两侧是鳃裂，咽齿即位于此。

③ 食道　咽的后方，很短，背面有鳔管通入，并以此为食道和肠的分界点。

④ 肠　曲折盘旋，为体长 2～3 倍，前粗后细。肠的前部 2/3 为小肠，后部为大肠，最后一部分叫直肠，直肠后接肛门。肠的各部分外形区别不太明显。

⑤ 肝胰脏　肝胰脏为暗红色，从胸腹腔横膈膜稍后起，覆盖在各部之间。

⑥ 胆囊　椭圆形，深绿色，大部分埋在肝胰脏内，由胆囊发出输胆管，开口于肠前部。

（2）呼吸系统：鳃是鱼的呼吸器官，有丰富的毛细血管。有鳃弓、鳃耙和鳃片组成。

① 鳃盖膜　鳃盖后缘的薄膜。

② 鳃弓　位于鳃盖内，咽的两侧，共四对半。鳃弓内缘凹面生有鳃耙。

③ 鳃耙　鳃弓的内凹面有两行三角形的突起，左右互生。

④ 鳃片　每个鳃片被称为半鳃，长在同一鳃弓上的两个半鳃称为全鳃。剪下一个全鳃，置于体视镜下观察，可见每一鳃片由许多鳃丝组成，每一鳃丝两侧又有许多突起的鳃小片。鳃小片上分布着丰富的毛细血管，是气体交换的场所。

⑤ 鳔　位于胸腹腔的背侧，分前后两室，为银白色胶质囊。后室发出鳔管，通到肠的背面。

（3）排泄系统：包括肾脏、输尿管、膀胱等（图 25-2）。

① 肾脏　位于脊柱下方，紧贴在腹腔背壁正中线两侧，一对，呈深红色。

② 输尿管　从每个肾脏通出一条细管，沿腹腔背壁向后走，在接近末端处汇合，进入膀胱。

③ 膀胱　输尿管后方的一个似盾形的囊。其末端开口于泄殖窦。

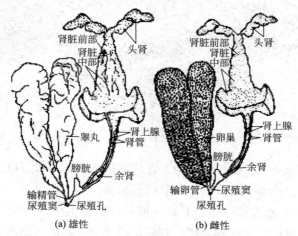

图 25-2　鲫鱼的排泄系统与生殖系统（仿徐敬明，1993）

（4）生殖系统：包括由精巢、输精管构成的雄性生殖器官或由卵巢、输卵管组成的雌性生殖器官（图 25-2）。

① 雄性生殖器官　性成熟的精巢纯白色，呈扁的长囊状，左右各一，未成熟的往往呈淡红色，常左右不匀称且有分裂缺陷处。输精管在精巢后端，很短，左右两管向后汇合而成，通入泄殖窦。

②雌性生殖器官　卵巢一对，性未成熟的卵巢淡橙黄色，呈长带状，性成熟的呈微黄红色，长囊形，几乎充满整个体腔，内有许多小形的卵。输卵管位于卵巢的后端，很短，左右两管向后汇合，开口于泄殖窦。

（5）循环系统：小心地剪开围心腔，可见心脏，再观察血管系统，可见动脉球，腹大动脉，入鳃动脉和出鳃动脉。

① 心脏　由1心室、1心房和静脉窦组成。心室在心房的前方，淡红色，倒圆锥形，壁很厚，收缩能力强。心房位于静脉窦的前方：呈暗红色，薄囊状。静脉窦是心房和心室后侧的暗红色长囊，壁很薄，不易观察。

② 血管系统　动脉球紧接在心室的前面，为腹大动脉基部的膨大部分，呈圆锥形，壁厚，白色。腹大动脉是自动脉球向前发出的一条相当粗大的血管，位于左右鳃的腹面中央。入鳃动脉由腹大动脉两侧分出的成对分支，共四对，分别进入鳃弓。出鳃动脉与入鳃动脉相对应，在副蝶骨、前耳骨及外枕骨的底叶可看到。

五、注意事项

鳔位于消化管背部，移去消化系统后，可观察到鳔。移去鳔才能观察排泄器官。

六、思考题

（1）绘制鲫鱼的内部解剖图，并注明各器官名称。

（2）鱼类适于水生生活的形态结构特征有哪些？

实验二十六 家 鸽

一、实验目的

（1）通过对家鸽骨骼及解剖的观察，认识鸟类各系统的基本结构及其适应于飞翔生活的主要特征。

（2）学习解剖鸟类的方法。

二、实验器材

家鸽整体骨骼标本，活家鸽、钟形罩、乙醚、解剖盘、骨剪、解剖剪和解剖镊等。

三、实验原理

鸟类由爬行类进化而来，是一支适应于陆上和飞翔生活的高等脊椎动物，因此外部形态与内部结构，既具有一系列与飞翔生活相适应的特点，也有与爬行类相似的特征。体均被羽，恒温，卵生，胚胎外有羊膜。前肢成翅，有时退化。多营飞翔生活。心脏是2心房、2心室。骨多空隙，内充气体。呼吸器官除肺外，有辅助呼吸的气囊。

四、实验步骤

本实验以解剖作为重点。骨骼系统以了解鸟类与适应飞翔生活有关的大体结构为主。

1. 骨骼系统

（1）头骨

鸟类头部的骨骼多由薄而轻的骨片组成，骨片间几乎无缝可寻（仅于幼鸟时，尚可认出各骨片的界限）。注意上颌与下颌向前延伸形成喙，不具牙齿。

（2）脊柱

区分颈椎、胸椎、腰椎、荐椎和尾椎。除颈椎及尾椎外，鸟类的大部分椎骨已愈合在一起，使其背部更为坚强而便于飞翔。

（3）肩带、前肢及胸骨

① 肩带　由肩胛骨、乌喙骨及锁骨组成。

② 前肢　认识肱骨、尺骨、桡骨、腕骨等骨骼的形状和结构，注意其腕掌骨合并及指骨退化的特点。

③ 胸骨　为躯干部前方正中宽阔的骨片，左右两缘与肋骨相连结，骨中央有一个纵行的龙骨突起。

（4）腰带及后肢

① 腰带　构成腰带的髂骨、耻骨、坐骨愈合成无名骨。髂骨构成无名骨的前部，坐骨构成其后部。耻骨细长，位于坐骨的腹缘。开放型骨盆。

② 后肢　注意胫骨与跗骨合并成胫跗骨。两骨间的关节为跗间关节。注意趾骨的排列情况。

2. 内部解剖

在实验前 20～30min，将家鸽放入装有乙醚的钟形罩中，使其麻醉致死。或紧捏实验动物的肋部，捂住鼻孔，令其窒息而死。

解剖标本之前，先进行外形观察。家鸽具有纺锤形的躯体。全身分头、颈、躯干、尾和附肢五部分。除喙及跗部具角质覆盖物以外，全身被覆羽毛。头前端有喙（喙部的皮肤隆起叫蜡膜）。上喙基部两侧各有一个外鼻孔。眼具活动的眼睑及半透明的瞬膜。眼后有被羽毛遮盖的外耳孔。前肢特化为翼。在尾的背面有尾脂腺，试分析它有何功能？

用水打湿家鸽腹侧的羽毛，然后拔掉它。把拔去羽毛的家鸽放于解剖盘里。注意羽毛的分布，并区分羽区与裸区。这对飞翔有何意义？沿着龙骨突起切开皮肤。切口前至嘴基，后至泄殖腔。沿着龙骨的两侧及叉骨的边缘，小心切开胸大肌。留下肱骨上端肌肉的止点处，下面露出的肌肉是胸小肌。用同样方法把它切开，试牵动这些肌肉了解其机能。然后沿着胸骨与肋骨相连的地方用骨剪剪断肋骨，将乌喙骨与叉骨连接处用骨剪剪断。将胸骨与乌喙骨等一同揭去，即可看到内脏的自然位置。

（1）消化系统（图 26-1）

① 消化管

口腔：剪开口角进行观察。上下颌的边缘生有角质喙。舌位于口腔内，前端呈箭头状。在口腔顶部的两个纵走的黏膜褶壁中间有内鼻孔。口腔后部为咽部。

食管：沿颈的腹面左侧下行，在颈的基部膨大成嗉囊。嗉囊可贮存食物，并可部分地软化食物。

胃：胃由腺胃和肌胃组成。腺胃又称前胃，上端与嗉囊相连，呈长纺锤形。剪开腺胃观察内壁上丰富的消化腺。肌胃又称砂囊，上连前胃，位于肝脏的右叶后缘，为一扁圆形的肌肉囊。剖开肌胃，检视呈辐射状排列的肌纤维。肌胃胃壁厚硬，内壁有硬的角质膜，呈黄绿色。肌胃内藏砂粒，用以磨碎食物。

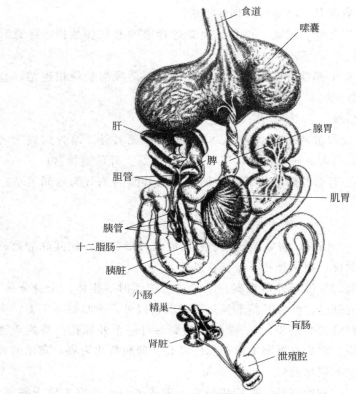

图 26-1　鸽的消化系统（引自丁汉波）

十二指肠：位于腺胃和肌胃的交界处，呈 U 形弯曲（在此弯曲的长系膜内，有胰腺着生）。找寻胆管和胰管的入口处。

小肠：细长，弯曲于腹腔内，最后与短的直肠连接。

直肠（大肠）：短而直，末端开口于泄殖腔。在其与小肠的交界处，有 1 对豆状的盲肠。鸟类的大肠较短，不能贮存粪便。

泄殖腔：直肠末端膨大，下连肛门。

② 消化腺　观察家鸽（或家鸡）的肝脏共有几叶？注意家鸽不具胆囊。在肝脏的右叶背面有一深的凹陷，自此处伸出两支胆管注入十二指肠。

（2）呼吸系统（图 26-2）

① 外鼻孔　开口于上喙基部（家鸽位于蜡膜的前下方）。

② 内鼻孔　位于口顶中央的纵走沟内。

③ 喉　位于舌根之后，中央的纵裂为喉门。

④ 气管　一般与颈同长，以完整的软骨环支持。在左右气管分叉处有一较膨大的鸣管，是鸟类特有的发声器官。

⑤ 肺　左右 2 叶。位于胸腔的背方，为一对弹性较小的实心海绵状器官。

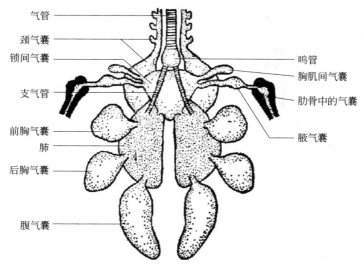

气管
颈气囊
锁间气囊
支气管
前胸气囊
肺
后胸气囊
腹气囊

鸣管
胸肌间气囊
肋骨中的气囊
腋气囊

图 26-2　家鸽呼吸系统模式图（引自丁汉波）

⑥ 气囊　与肺连接的数对膜状囊，分布于颈、胸、腹和骨骼的内部。

（3）循环系统

① 心脏　心脏位于躯体的中线上，体积很大。用镊子拉起心包膜，然后以小剪刀纵向剪开。从心脏的背侧和外侧除去心包膜，可见心脏被脂肪带分隔成前后两部分。前面褐红色的扩大部分为心房，后面颜色较浅的为心室。

② 动脉　靠近心脏的基部，把余下的心包膜，结缔组织和脂肪清理出去，暴露出来的两条较大的灰白色血管，即无名动脉。无名动脉分颈动脉、锁骨下动脉、肱动脉和胸动脉，分别进入颈部、前肢和胸部（锁骨下动脉为无名动脉的直接延续）。用镊子轻轻提起右侧的无名动脉，将心脏略往下拉，可见右体动脉弓走向背后，转变为背大动脉后行，沿途发出许多血管到有关器官。再将左右心房无名动脉略微提起，可见下面的肺动脉分成两支后，绕向背后侧而到达肺脏。

③ 静脉　在左右心房的前方可见到两条粗而短的静脉干，为前大静脉。前大静脉由颈静脉、肱静脉和胸静脉汇合而成。这些静脉差不多与同名的动脉相平行，因而容易看到。将心脏翻向前方，可见一条粗大的血管由肝脏的右叶前缘通至右心房，这就是后大静脉。

从实验观察中可以看到鸟的心脏体积很大，并分化成四室；静脉窦退化；体动脉弓只留下右侧的一支。因而动、静脉血完全分开，建立了完善的双循环。想想上述特点与鸟类的飞翔生活方式有何联系？

（4）泌尿生殖系统（图 26-3）

① 排泄系统

肾脏：紫褐色，左右成对，各分成三叶，贴近于体腔背壁。

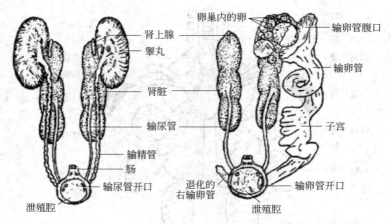

图 26-3　鸽的泄殖系统（引自丁汉波）

输尿管：沿体腔腹面下行，通入泄殖腔。鸟类不具膀胱。

泄殖腔：将泄殖腔剪开，可见到腔内具两横褶，将泄殖腔分为三室：前面较大的为粪道，直肠即开口于此；中间为泄殖道，输精管（或输卵管）及输尿管开口于此；最后为肛道。

② 生殖系统（同学之间可交换雌雄标本观察）

雄性：具成对的白色睾丸。从睾丸伸出输精管，与输尿管平行进入泄殖腔。多数鸟类不具外生殖器。

雌性：右侧卵巢退化；左侧卵巢内充满卵泡；有发达的输卵管。输卵管前端借喇叭口通体腔；后方弯曲处的内壁富有腺体，可分泌蛋白并形成卵壳；末端短而宽，开口于泄殖腔。

五、注意事项

（1）在拔颈部的羽毛时要特别小心，每次不要超过 2～3 枚，要顺着羽毛方向拔。拔时一手按住颈部的薄皮肤，以免将皮肤撕破。

（2）用解剖刀钝端分开皮肤，当剥离至嗉囊处要特别小心，以免造成破损。

六、思考题

（1）绘制出正羽的基本结构图。

（2）鸟类有多少气囊，主要分布在什么地方？主要有何功能？

（3）试述鸟类在骨骼系统上有哪些适应飞翔生活的特点？

实验二十七　小白鼠

一、实验目的

（1）通过对小白鼠外形及内部各大系统解剖的观察，掌握小鼠各大系统的基本结构、功能及其进化性。

（2）了解哺乳动物适应陆生生活环境的基本特征。

二、实验器材

培养皿、小烧杯、棉花、解剖盘、骨剪、剪刀、镊子、活小鼠（雌雄均有）。

三、实验原理

哺乳动物是全身被毛、运动快速、恒温、胎生和哺乳的脊椎动物。它是脊椎动物中躯体结构、功能和行为最复杂的一个高等动物类群。哺乳类是从爬行动物起源的，它们以不同的方式适应陆栖生活所遇到的许多基本矛盾（陆地上快速运动、防止体内水分蒸发、完善的神经系统和繁殖方式），并在新陈代谢水平全面提高的基础上获得了恒温。哺乳动物发展了完善的在陆上繁殖的能力，使后代的成活率大为提高，这是通过胎生和哺乳而实现的。

小白鼠属于啮齿类动物，啮齿类动物是哺乳动物中演化最成功的一类，其数量约占哺乳类的1/3，分布全世界，且善于适应环境。

四、实验步骤

将小白鼠置于解剖盘内或实验台上，右手用镊子卡住小鼠颈部，左手拉住其尾部，然后用力向后拉，使其颈部脱臼，小鼠即刻死亡；或者麻醉法致死：将小白鼠置于装入含有乙醚棉球的广口瓶内，加盖静置至小白鼠深度麻醉致死。

1. 外部形态

小白鼠整体分为头、颈、躯干、四肢和尾五部分，全身被毛。

（1）头部　长形；眼有上下眼睑；一对大而薄的外耳；鼻孔一对；鼻孔下方为口，口有肉质的唇。

（2）颈　颈部明显，活动自如。

（3）躯干　长而背面弯曲；腹部末端有外生殖器和肛门；雌体胸、腹部有较明显的乳头。

（4）四肢　前肢肘部向后弯曲，具5趾；指（趾）端具爪。

（5）尾　尾长约与体长相等，有平衡，散热和自卫功能。

2. 内部解剖

取断颈处死的小白鼠，仰置于解剖盘中。用大头针钉住四肢的掌部，用棉花蘸清水润湿腹正中线上的毛，然后自生殖器开口稍前方处，提起皮肤，沿腹中线自后向前把皮肤纵行剪开，直达下颌底为止。然后再从颈部将皮肤向左、右横向剪至耳廓基部。以左手持镊子夹起颈部剪开的皮肤边缘，右手用解剖刀小心清除皮下结缔组织。顺序观察如下（图27-1）。

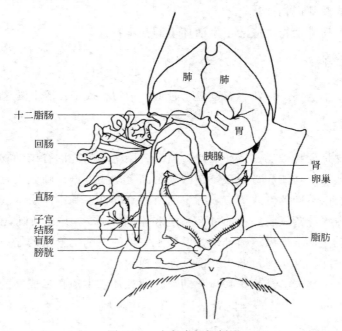

图 27-1　小鼠内部解剖图

（引自 http://www.informatics.jax.org/cookbook/imageindex.shtml）

（1）呼吸系统

在颈部可以看到由白色环状软骨构成的气管；气管进入胸腔后分为左、右支气管，分别通入左、右肺。肺呈海绵状。

（2）消化系统

① 唾液腺　小白鼠的唾液腺有三对。

腮腺（耳下腺）：位于耳壳基部的腹前方，剥开皮肤即可看见。腮腺为不规则的淡红色腺体，其腺管开口于口腔底部（不必寻找）。

颌下腺：在颈部腹中线上，口腔底的基部。将附近脂肪清除，可见有一对椭圆形的腺体，其腺管开口于口腔底部（不必寻找）。

舌下腺：位于左右颌下腺的外上方，形小，淡黄色。将附近淋巴结（圆形）移开，即可看到近于圆形的舌下腺。由腺体的内侧伸出一对舌下腺管，伴行颌下腺管开口于口腔底。

② 口腔　沿口角剪开颊部及下颌骨与头骨的关节，打开口腔。可见口腔底有肉质舌；小白鼠的上下颌各有两个门齿和六个臼齿；门齿发达，能终身不断地生长，可使磨损的门齿齿端得到补偿。注意观察门齿和臼齿的形态特征，它们各有何功能？异型齿是哺乳类的标志特征。

③ 肝脏　紧贴横隔膜下可以见到四叶红褐色的肝脏之一。

④ 食管　位于气管背后，后行穿过横膈与胃相连。

⑤ 胃　将肝脏掀至右边，可以观察到胃。

⑥ 肠　分为小肠和大肠。小肠分为十二指肠、空肠和回肠，十二指肠紧接胃，其后为空肠和回肠，回肠末端有盲肠，盲肠尖端为蚓突；大肠分为结肠和直肠，直肠进入盆腔，开口于肛门。

⑦ 胰脏　在十二指肠附近可以观察到粉红色的胰脏。

（3）循环系统

在胸腔可以见到略呈倒圆锥形的心脏位于两肺之间，心尖偏左，幼鼠心脏上半部被一对淡肉色的胸腺覆盖。

将胃拨到右侧，可见其左侧红褐色长椭圆形的脾脏。

（4）泌尿生殖系统（图27-2）

① 泌尿器官　将肠拨开，可见在腹腔背壁左右侧各有一豆形肾脏，右肾比

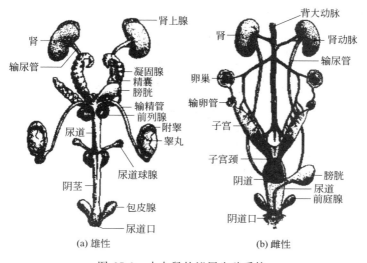

图 27-2　小白鼠的泌尿生殖系统

左肾的位置略高，肾脏上方有淡红色的肾上腺。由各肾内缘凹陷处即肾门发出一输尿管，通入膀胱，膀胱开口于尿道。雌性尿道开口于阴道孔前方，雄性尿道通入阴茎开口于体外，并兼有输精功能。

②雄性生殖器官　将肠掀到一边，可以观察到：睾丸（精巢）一对，椭圆形，成熟后坠入阴囊；附睾一对，附睾可分为附睾头、附睾体和附睾尾，头部紧附于睾丸上部，体部从睾丸的一侧下行，尾部与输精管相接；输精管一对，开口于尿道；阴茎，为交配器官。

③雌性生殖器官　将肠掀到一边，可见在腹腔背壁两侧肾脏后方各有一个卵巢，近似蚕豆形。输卵管一对，盘绕紧密。输卵管前端呈喇叭状，在卵巢附近开口于腹腔，后端膨大于子宫，左右子宫会合延至阴道，阴道开口于体外，称阴道口。

五、注意事项

（1）处死小白鼠时，右手用镊子卡住小鼠颈部，固定不动，左手拉住其尾部，然后试探用力向后拉，使其颈部脱臼，小鼠即刻死亡。

（2）打开胸腹腔，注意观察各个脏器的位置。

六、思考题

（1）依照所做实验，绘制消化系统和泌尿生殖系统简图。

（2）根据观察结果，归纳小白鼠哪些形态结构表现哺乳类的进步特征。

实验二十八　运动系统

一、实验目的

（1）了解人体骨骼的基本形态与结构。

（2）掌握人体骨骼系统的组成及其重要的骨连接。

二、实验器材

解剖刀、纵剖的长骨标本、全身骨骼标本及各部分标本、胸廓及骨盆解剖浸制标本、肩及肘、髋、膝关节解剖标本。

三、实验原理

动物的骨骼具有多种功能。动物没有骨骼就不能运动。绝大多数陆上动物如果没有骨骼的支撑就会塌下来，不能维持它们的形态。骨骼还具有保护动物内脏器官的作用。

人体全身共有 206 块骨，约占成年人体重的 20%，由骨连接结合成骨骼。骨骼按其所在部位可分为颅骨、躯干骨、四肢骨。

骨的大小形态各异，但构造和成分基本相同。骨由骨膜、骨质、骨髓构成。骨与骨之间的连接称为骨连接，分为直接连接和间接连接。关节即为间接连接，由关节面、关节腔、关节囊组成。

四、实验步骤

1. 骨的形态

从整体骨骼标本上分辨扁骨（如顶骨）、短骨（如腕骨）、长骨（如肱骨）和不规则骨（如椎骨）（图 28-1）。

2. 长骨的结构

取纵剖的长骨标本观察。长骨的两端称骨骺，中间部分称骨干，骨的外面包有一层致密结缔组织组成的骨膜，骨膜内面是骨质，外层骨质致密、较厚，为骨密质；内层骨质较疏松，由许多骨小梁以一定方向交织而成，为骨松质。骨干中部的空腔称骨髓腔。骨髓腔的骨松质的空隙内在生活状态都充满骨髓（图28-2）。

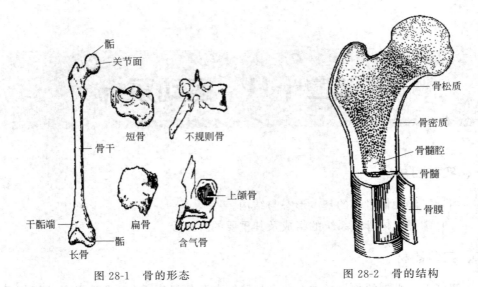

图 28-1　骨的形态　　　　　　　　图 28-2　骨的结构

观察婴儿长骨，可见骨骺与骨干之间有一薄层软骨称骺软骨。在成人长骨，骺软骨已骨化，仅在原骺软骨处遗留一骨质线，称骺线。

3. 人体的骨骼系统

在全身骨架上了解骨的分布。206 块骨依其所在位置分为颅骨、躯干骨、四肢骨（图 28-3）。

（1）颅骨　由脑颅和面颅组成。

（2）躯干骨　51 块，包括 26 块肋骨和一块胸骨，椎骨自上而下又分 7 块颈椎、12 块胸椎、5 块腰椎、1 块骶椎、1 块尾椎。

（3）四肢骨　包括上肢骨 64 块和下肢骨 62 块，都由肢带骨和游离肢骨组成。上肢带骨包括锁骨和肩胛骨各 2 块。锁骨横架于胸廓前上方，为"～"形长骨。肩胛骨居于背上方，脊柱两侧，为不规则的三角形扁骨。游离上肢骨自近侧向远侧分别有臂部的肱骨，前臂内侧的尺骨、外侧的桡骨各 2 块，尚有手骨 54 块（其中腕骨 16 块，掌骨 10 块、指骨 28 块）。下肢带骨是髋骨，组成骨盆侧壁，是不规则骨，共 2 块。由位于上部的髂骨、前下部的耻骨和后下部的坐骨合成。游离下肢骨自近侧向远侧分别有位于股部的股骨，膝部的髌骨，小腿内侧的胫骨、外侧的腓骨各 2 块，足骨 52 块（其中跗骨 14 块、跖骨 10 块、趾骨 28 块）。股骨是最长、最结实的长骨。四肢游离骨中，除腕骨、跗骨和髌骨外，皆为长骨。

4. 脊柱、胸廓、骨盆以及肩、肘、膝、股等关节

（1）脊柱　从脊柱腰部纵切浸制标本上可见，脊柱是由椎骨借软骨、韧带和关节连接而成的。软骨为椎间盘，连于相邻椎体间，在椎体间、椎弓间均有一些

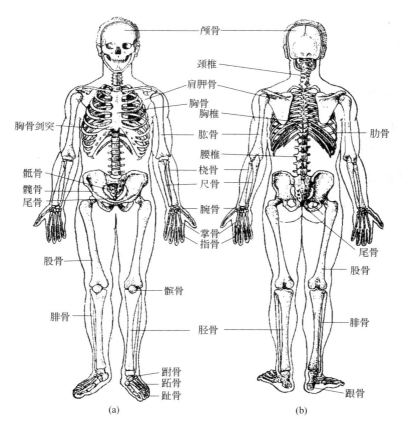

图 28-3　人体全身骨骼

（a）前面；（b）后面

韧带相连。相邻椎骨的关节突间则构成关节。

（2）胸廓　从胸廓浸制标本上观察胸廓可见胸廓是由 12 个胸椎、12 对肋、1 个胸骨和它们之间的连接共同组成的。肋包括肋骨和肋软骨两部分。肋骨后端与胸椎相关节，其前端有几种形式：上 7 对肋以肋软骨连于胸骨，为真肋，下 5 对肋不与胸骨直接相连，为假肋。其中第 8～10 肋的肋软骨依次连接上位肋软骨而成肋弓，第 11、第 12 肋前端游离而称浮肋。

（3）骨盆　在骨盆浸制标本上可见骨盆由左右髋骨、骶骨和尾骨连接而成。上部为大骨盆，下部为小骨盆。女性骨盆为较宽而短的圆桶形。

（4）关节　肩关节是由肩胛骨的关节盂和肱骨头外包关节囊所成，肩关节囊松弛薄弱，运动灵活。肘关节是由肱骨、桡骨和尺骨的相应关节面共同包被在一个关节囊内所构成的关节，主要作屈伸运动。髋关节是髋骨的髋臼与股骨头相关节。髋臼边缘有关节唇附着，使髋臼加深。关节囊加厚且有韧带加强，髋关节运动而稳固。膝关节是全身最大、最复杂的关节，由股骨、胫骨与髌骨相应的关节面组成，关节囊松弛广阔，胫骨上面有内、外侧半月板，股骨与胫骨间前、后交叉的韧带，关节囊的前壁为股四头肌腱、髌及髌韧带，囊的两侧亦有韧带增强。

五、注意事项

注意观察上肢关节与下肢关节的结构特点，观察其关节囊、关节面、关节腔的结构，体现上肢关节的灵活性与下肢关节的牢固性。

六、思考题

回答人体骨骼与直立行走相适应的特点。

实验二十九　血细胞的观察与计数

一、实验目的

（1）学习人血液涂片和染色的方法，认识各种血细胞的形态特征。

（2）学习红细胞和白细胞的计数方法。

二、实验器材

显微镜、刺血针载玻片、血细胞计数板及配套的盖玻片、红细胞计数吸管、白细胞计数吸管、计数器、滴管、烧杯、棉花、75％酒精缓冲液（蒸馏水也可）、瑞氏染液、75％酒精、生理盐水。

三、实验原理

血液是流动在心脏和血管内的不透明红色液体，主要成分为血浆、血细胞和血小板三种，血细胞又分为红细胞和白细胞。通过制作血涂片，可以观察血液中各种血细胞的形态。

计数血液中的血细胞，先要用适当的溶液将血液稀释，再将稀释液滴入血细胞计数板的计数室内，在显微镜下计数一定容积的血液中血细胞的个数，最后将所得结果换算为 $1mm^3$ 血液中的血细胞的个数。

四、实验步骤

1. 制作血涂片和白细胞分类

（1）采血　用酒精棉球消毒刺血针。通常多用左手无名指指端或耳垂边缘采血。采血前，先用酒精棉球擦拭采血部位，进行消毒。待酒精挥发后，即可将准备好的刺血针尖端迅速紧压采血部位，刺破皮肤，血液即自动流出。

（2）涂片　蘸一滴血于一洁净载玻片的右端，另取一边缘光滑的载玻片作为推片用，将其末端斜置于第一载玻片上的血滴的左边缘，然后稍向后退，使之与血滴接触，这时血滴即向推片末端的两边扩展，并充满两载玻片之间的夹角中，此时以 30～40 度角，将推片向左方推动，血液随推片而行，即涂成血液薄膜。

（3）染色　待血液薄膜干燥后，滴数滴瑞氏染液在血涂片上，使血膜全部被染液掩盖，1～2min 以后，滴加相当于染液 1.5 倍的缓冲液或蒸馏水，然后用口轻轻地吹，将缓冲液和染液吹匀。静置 10～15min，用清水洗去染液，待干后，即可进行观察。

（4）观察血细胞　用瑞氏染液染的血涂片要用油镜才能分辨各种白细胞。用快速染色法染的血涂片只需放大 400 倍便能清楚见到各种血细胞（图 29-1）。

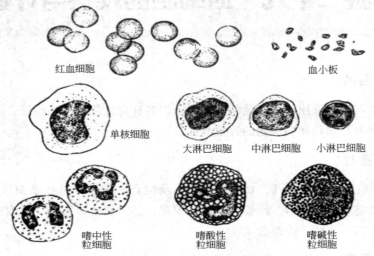

图 29-1　人血细胞类型示意图

① 红细胞　大量小而圆、中央透亮的无核细胞，即红细胞。

② 白细胞可观察到以下几种类型。

嗜中性粒细胞：数目较多，易找到。细胞质内含有细小而分布均匀的浅紫色红色的嗜中性颗粒。核紫色，分叶、通常可分 2～5 叶，叶间有细丝相连。

嗜酸性粒细胞：数目较少，细胞质中有许多粗大的被染成橘红色的嗜酸性颗粒。核紫色，也分叶。通常分为两叶。

嗜碱性粒细胞：数量很少，在血涂片上不易找到。细胞质中含有许多大小不等，被染成紫色的嗜碱性颗粒。核不规则，染成淡紫色，常被嗜碱性颗粒掩盖。

淋巴细胞：数目较多，可见中、小型淋巴细胞。小淋巴细胞的大小与红细胞的差不多。核呈球形，占细胞体积的大部分，紫色很深。细胞质很少，围在核的周围，被染成天蓝色。中型淋巴细胞比红细胞大，细胞质较多，着色较浅。细胞核呈球形或近似肾形，染色也很深。

单核细胞：数目少，是血液中形体最大的细胞。细胞呈肾形或马蹄形，排列成粗网状，故染色不如淋巴细胞的深。细胞质呈浅灰蓝色。

③ 血小板　为不规则小体，分布在红细胞之间，聚集成群。血小板周围部分为浅蓝色，中央有细小的紫红色颗粒。

2. 人血细胞计数

（1）采血及稀释　用刺血针刺破皮肤后让血液自然流出，擦去第一滴血，待流出第二滴血时，用红细胞吸管吸取血液至刻度 0.5mL，再取生理盐水 100mL，以拇指和食指按住吸管两端，将管沿水平方向摇动约 2min，使红细胞与生理盐水匀混合，此时血液被稀释 200 倍，即可用于计数。

以白细胞计数吸管内吸血至刻度 0.5mL，再取生理盐水 10mL，将血细胞与生理盐水摇匀、混合，此时血液被稀释 20 倍，即可用于白细胞计数。

（2）计数　将盖玻片放在计数板正中，沿盖玻片边缘向计数室内注入已稀释的血液（充注前应先将吸管内稀释液吹去 2 滴，以去除吸管前端的稀释液），静置 2~3min，然后将计数板置显微镜下观察。计数白细胞时，数四角 4 个大方格的白细胞总数；计数红细胞时，数中央大方格的四角的 4 个中方格和中央的一个中方格（共 5 个大方格）的红细胞总数。计数时应遵循一定的路径，对横跨刻度上的血细胞依照"数上不数下，数左不数右"的原则进行计数。计数白细胞时，如发现各大格的白细胞数目相差 8 个以上；或计数红细胞时，如各中方格的红细胞数目相差 20 个以上，都表示血细胞分布不均匀，必须将稀释液摇匀重新充入计数室计数。

五、注意事项

（1）计数完毕后，应立即用清水冲洗、晾干计数板及盖玻片，然后用软绸或擦镜纸擦干净，且不可用粗布或粗纸去擦，以免磨损刻线。

（2）计数血液中的血细胞，先要用适当的溶液将血液稀释，再将稀释液滴入血细胞计数板的计数室内。

六、思考题

（1）欲使血细胞计数准确，在操作过程中应注意哪些环节？

（2）绘制人血细胞的结构示意图。

七、附录

血细胞计数板的结构

计数板是一条特制的长方形厚玻璃板，板面的中部有 4 条直槽，内侧两槽的中间有一条横槽把中部横隔成二长方形的平台，此平台比整个玻璃板的平面低 0.1mm。当放上盖玻片后平台与盖玻片之间的距离（即高度）为 0.1mm。平台中心部分各有一个计数室，该计数室的长和宽均为 3mm，被精确化分为 9 个大方格，每个大方格面积为 $1mm^2$，体积为 $0.1mm^3$。四角的大方格，又各分为 16 个中方格，适用于白细胞计数。中央大方格则由双线划分为 25 个中方格，每个中方各面积为 $0.04mm^2$，体积为 $0.004mm^3$。每个中方格又各分成 16 个小方格，适用于红细胞计数。

实验三十 血型鉴定与红细胞渗透性测定

一、实验目的

（1）学习鉴定 ABO 血型的方法。

（2）学习测定细胞渗透脆性的方法，了解细胞外渗透张力对维持细胞正常形态与功能的重要性。

二、实验器材

离心机、带刻度的离心管、显微镜、剪毛剪、2mL 注射器、试管架、5mL 试管 10 支、刺血针、玻璃铅笔、1mL 吸管、棉花、滴管、消毒牙签、75％酒精、抗凝剂（3.8％柠檬酸钠溶液）、20％氨基甲酸乙酯溶液、生理盐水、蒸馏水等、A 型标准血清（含抗 B 凝集素）、B 型标准血清（含抗 A 凝集素）。

三、实验原理

正常情况下，任何哺乳类动物红细胞内渗透压与血浆的渗透压相等，约相当于 0.9％NaCl 溶液的渗透压。因此，将红细胞悬浮于等渗的 NaCl 溶液中，其形态和容积可保持不变。若将红细胞悬浮于低渗的 NaCl 溶液中，则水分进入红细胞使之膨胀甚至破裂溶解。红细胞对等渗溶液具有不同的抵抗力，即红细胞具有不同的脆性。对低渗溶液抵抗力小，表示红细胞的脆性大，对低渗溶液抵抗力大，表示红细胞的脆性小。

由于 A 凝集原只能和抗 A 凝集素结合，B 凝集原只能和抗 B 凝集素结合，因此，可利用已知的 A 型和 B 型标准血清来鉴定未知血型。

四、实验步骤

1. 红细胞渗透脆性的测定

（1）取试管 10 支做好编号，顺序排列于试管架上，并按下表分别向各试管加入生理盐水和蒸馏水。

管　　号	1	2	3	4	5	6	7	8	9	10
生理盐水/mL	0.90	0.70	0.60	0.55	0.50	0.45	0.40	0.35	0.30	0.25
蒸馏水/mL	0.10	0.30	0.40	0.45	0.50	0.55	0.60	0.65	0.70	0.75

（2）用干燥注射器从动物（兔或狗）静脉采血 1mL 后，立即向每试管中各滴加一滴血，用拇指堵住试管口，将各试管倒置一次，使血液与管内生理盐水混匀，以防凝固。放置 2h 后观察结果。多余血液注入盛有 0.1mL 3.8% 柠檬酸钠溶液中，加以混合，以备重复试验用。

（3）记录开始溶血和完全溶血的两管 NaCl 溶液的浓度。肉眼观察可见未发生溶血的试管内，红细胞下沉，上液透明无红色；部分溶血的试管内红细胞下沉，上液透明呈红色；完全溶血者，全管溶液都透明呈红色，肉眼观察管底无红细胞沉积。

（4）取第 1 号试管置两掌心中搓动，使沉底的红细胞与 NaCl 溶液重新混匀，用小滴管取一小滴置于干洁的载玻片上，放在显微镜下观察红细胞的形态。再取 10 号试管中的悬浮液在显微镜下观察红细胞有无形态的变化。

2. ABO 血型的鉴定

（1）取一载玻片擦干净。用玻璃铅笔在玻片左角上写 A 字，右上角写 B 字，中间写受检者的姓名。

（2）在 A 侧加 1 滴 A 型标准血清（市售的加有少量红色染料）；在 B 侧滴加 1 滴 B 型标准血清（稍带蓝色）。

（3）用刺血针刺破指尖皮肤，待血液流出后，用牙签两端各蘸取一点血液，然后分别加入 A 型血清和 B 型血清中混匀。

（4）在室温下放置 5～10min，用肉眼和低倍镜观察是否有凝集现象。注明鉴定结果。

五、注意事项

滴加 A 型血清和 B 型血清的滴管必须预加标记，分别专用，切不可搞混。

六、思考题

（1）测定红细胞渗透脆性有何意义？
（2）记录你测定的血型并做出解释。

实验三十一　心音听诊与动脉血压测定

一、实验目的

（1）学习心音听诊的方法，识别第一心音与第二心音。

（2）学习间接测量人体动脉血压的方法与原理。

二、实验器材

常用解剖器械一套、听诊器、血压计、酒精棉球。

三、实验原理

心音是由心脏瓣膜关闭和心肌收缩引起的振动所产生的声音。用听诊器在心前区的胸壁上听诊，在每次心动周期内可以听到两种心音。第一心音：音调较低而历时较长（0.12s），声音较响，是由房室瓣关闭和心室肌收缩振动所产生的。由于房室瓣的关闭与心室收缩开始几乎同时发生，因此第一心音是心室收缩的标志，其响度和性质的变化，常可反映心室肌收缩强弱和房室瓣的机能状态。第二心音：音调较高而历时较短（0.08s），声音较响脆，主要是半月瓣关闭产生振动造成的。由于半月瓣关闭与心室舒张几乎同时发生，因此第二心音是心室舒张的标志。其响度常可反映动脉压的高低。

测定人体动脉血压最常用的方法是间接测量法。它是使用血压计的压脉带在动脉外加压，根据血管音的变化来测量动脉血压的。通常血液在血管内流动时并不产生声音，但如血液流经狭窄处或形成涡流时，则出现声音（血管音）。用压脉带在上臂给肱动脉加压，当压脉带内的压力（即外加压力）超过肱动脉的收缩压时，动脉血压完全被阻断，此时用听诊器在肱动脉处听不到任何声音。如减低压脉带内压力，当低于肱动脉收缩压又高于舒张压时，血液随心脏的收缩断续地通过受压血管狭窄处，形成涡流而发出声音。当压脉带内的压力等于或小于舒张压时，则血管内的血流由断续变为连续，声音便由强转弱进而消失。故恰好可以完全阻断血液所必需的最小外加压力（即发生第一声时），相当于收缩压。在心舒张时也有少许血液通过，这时的外加压力（即音调突变时）相当于舒张压。压脉带内的压力可由水银检压计上读取。

四、实验步骤

1. 确定听诊部位

（1）左房室瓣听诊区　在第五肋骨中线稍内侧（心尖部）。

（2）右房室瓣听诊区　胸骨右缘第四肋骨间或胸骨下端稍偏右侧。

（3）主动脉瓣听诊区　胸骨右缘第二肋间，胸骨左缘第三肋间为主动脉瓣第二听诊区，主动脉瓣关闭不全时可在该处听到杂音。

（4）肺动脉瓣听诊区　胸骨左侧第二肋间。

2. 听心音

（1）检查者带好听诊器，以右手的拇指、食指和中指轻持听诊器胸部（或称胸器）置于受试者胸部按下述听诊部位，顺次进行听诊（左房室瓣听诊区→主动脉瓣听诊区→肺动脉瓣听诊区→右房室瓣听诊区）。在心脏区胸臂上的任何部位都可听到两种心音，注意区分这两种心音（图31-1）。

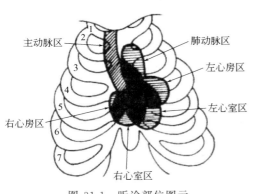

图 31-1　听诊部位图示

（2）如难以区分两种心音。可同时用手指触诊心尖搏动或颈动脉搏动脉搏，与此同时出现的心音的为第一心音，然后再从心音音调高低，历时长短鉴别两种心音。

（3）比较不同部位上两功能心音的声音强弱。

3. 人体动脉血压的测定

（1）受试者静坐 3～5min，露出上臂，肘下垫一小枕，松开打气球上的螺丝，将压脉带内的空气完全放出，再将螺丝拧紧。将压脉带缚在受试者的左上臂的肘窝处。

（2）找到受试者的肱动脉搏动处，左手持听诊器的胸端置于其上，右手持打气球，向压脉带打气加压，同时注意声音变化，在声音消失后再加压 30mmHg，然后扭开打气球的螺丝，缓慢放气（切勿过快），此时可听到血管音的一系列变化，声音从无到有，有低而高，而后突然变低，最后完全消失，再次拧紧打气球螺丝，继续打气加压，反复 2～3 次。进行上述操作时，同时注视水银检压计刻度，在徐徐放气减压时，第一次听到血管音时的水银柱高度即代表收缩压，在血管音突然由强变弱时的水银柱高度即代表舒张压。记下测定数值后，将压脉带内的空气放尽，使压力降至零，再重测一次。

五、注意事项

（1）测血压时，压脉带下缘应在肘关节上约 3cm 松紧应适宜，受试者手掌向上平放于台上，压脉带应与心脏同一水平。

（2）如条件许可，还可令受试者在室外跑步 2～3min 后，立即按上述方法测定血压，观察运动后的血压变化。

六、思考题

（1）心音是怎样产生的？

（2）记录你测定的血压，并作简单分析。

实验三十二　脊髓反射

一、实验目的

（1）通过对脊蛙屈肌反射的观察分析，了解反射弧的完整性与反射活动关系。

（2）认识脊髓反射中枢活动的某些基本特征。

二、实验材料

蟾蜍，硫酸溶液（0.1％、0.3％、0.5％、1％）、1％可卡因或普鲁卡因、任氏液。解剖剪、毁髓针、蛙板、铁支架、蛙嘴夹、玻璃分针、玻璃平皿、烧杯（500mL或搪瓷杯）、小滤纸（约1cm×1cm）、纱布、棉球和秒表。

三、实验原理

在中枢神经系统的参与下，机体对刺激所产生的适应反应过程称为反射。反射活动的结构基础是反射弧。典型的反射弧由感受器、传入神经、神经中枢、传出神经和效应器五个部分组成。引起反射的首要条件是反射弧必须保持完整性。反射弧任何一个环节的解剖结构或生理完整性一旦受到破坏，反射活动就无法实现。较复杂的反射需要由中枢神经系统较高级的部位整合才能完成，较简单的反射只需通过中枢神经系统较低级的部位就能完成。将动物的高位中枢切除，仅保留脊髓的动物称为脊动物。此时动物产生的各种反射活动为单纯的脊髓反射。由于脊髓已失去了高级中枢的正常调控，所以反射活动比较简单，便于观察和分析反射过程的某些特征。

四、实验步骤

1. 标本制备

取一只蟾蜍，用剪刀由两侧口裂剪去上方头颅，留下下颌，制成脊蛙。或用单毁髓法处理。固定蟾蜍，从蟾蜍的背部前端沿中线向后用力划，找到两耳中间的凹陷处即枕骨大孔的位置，用探针沿枕骨大孔刺入脑腔，破坏脑髓，制成脊蛙。将脊蛙悬挂在铁支架上（图32-1）。

图 32-1　脊髓反射实验装置
（引自伍莉等）

2. 脊髓反射活动的观察

（1）脊髓反射的基本特征

① 骚扒反射　将浸有1％硫酸溶液的小滤纸片贴在脊蛙的下腹部，可见四肢向滤纸片处骚扒。之后将脊蛙浸入盛有清水的大烧杯中，洗掉硫酸滤纸片。

② 屈肌反射和反射时的测定　在平皿内盛适量的0.1％硫酸溶液，将脊蛙一侧后肢的一个脚趾浸入硫酸溶液中，同时按动秒表开始记录时间，当屈肌反射一出现立刻停止计时，并立即将该足趾浸入大烧杯水中浸洗数次，然后用纱布擦干。此时秒表所示时间为从刺激开始到反射出现所经历的时间，称为反射时。用上述方法重复三次，注意每次浸入趾尖的深度要一致，相邻两次实验间隔至少要2～3s。三次所测时间的平均值即为此反射的反射时。再用不同的硫酸浓度（0.1％、0.3％、0.5％、1％）测定反射的反射时。

（2）反射弧的分析

① 分别将左右后肢趾尖浸入盛有1％硫酸的平皿内（深入的范围一致），观察双后肢是否都有反应。实验完毕后，将脊蛙浸于盛有清水的烧杯内洗掉滤纸片和硫酸，用纱布擦干皮肤。

② 在左后肢趾关节上作一个环形皮肤切口，将切口以下的皮肤全部剥除（趾尖皮肤一定要剥除干净），再用0.5％硫酸溶液浸泡该趾尖，观察该侧后肢的反应。再用浸有1％的硫酸溶液滤纸片贴在左后肢环形切口皮肤上，观察后肢的反应，分析原因。实验完毕后，将脊蛙浸于盛有清水的烧杯内洗掉滤纸片和硫酸，用纱布擦干皮肤。

③ 将浸有1％硫酸溶液的小滤纸片贴在脊蛙的左后肢环形切口以上的皮肤上。观察后肢有何反应。待出现反应后，将脊蛙浸于盛有清水的烧杯内洗掉滤纸片和硫酸，用纱布擦干皮肤。

④ 麻醉坐骨神经。将脊蛙俯卧位固定在蛙板上，于右侧大腿背部纵行剪开皮肤，在股二头肌和半膜肌之间的沟内找到坐骨神经干，将坐骨神经挑起，用浸有1％可卡因的棉球包裹。将脊蛙挂回支架，然后每隔1min，用0.5％硫酸刺激右侧最长趾，观察屈腿反射是否出现。用清水冲洗干净右侧最长趾残余的硫酸，再次重复刺激一次，观察结果。

⑤ 以毁髓针捣毁脊蛙的脊髓，如观察到蛙后肢突然蹬直而后瘫软，表明脊

髓被完全破坏。拔出毁髓针，用棉球堵住针孔止血。取出包裹在坐骨神经上的浸有1％可卡因的棉球，用任氏液冲洗干净坐骨神经。然后用1％硫酸溶液刺激身体任何部分，观察反应并分析结果。

五、注意事项

（1）制备脊蛙时，颅脑离断的部位要适当，太高则会因保留了部分脑组织而可能出现自主活动，太低又可能影响反射的产生。

（2）用硫酸溶液或浸有硫酸的纸片处理脊蛙的皮肤后，应迅速用自来水清洗，以清除皮肤上残存的硫酸，并用纱布擦干，以保护皮肤并防止冲淡硫酸溶液。

六、思考题

（1）描述有反射活动时的反射弧的组成。

（2）剪断右侧坐骨神经，动物的反射活动发生了什么变化？这是损伤了反射弧的哪一部分？

实验三十三　植物多样性

一、实验目的

（1）重点认识所在地区各大植物类群中常见的重要科、属的特征及其经济价值。

（2）初步学会和掌握植物学最基本的野外工作方法，培养独立的工作能力。

二、实验内容

1. 校园绿化树种观察

校园常见绿化树种有：银杏、雪松、侧柏、圆柏、白玉兰、紫玉兰、月季、山桃、榆叶梅、紫叶李、腊梅、樱花、国槐、龙爪槐（国槐变型）、刺槐、悬铃木、毛白杨、旱柳、垂柳、核桃、小叶黄杨、冬青卫矛、五角枫、连翘、丁香、毛泡桐、紫叶小檗、紫薇等。

2. 校外参观实习

实习地点：各地区植物园、山区景点，常见树种有：银杏、云杉、雪松、华北落叶松、白皮松、油松、黑松、水杉、侧柏、千头柏（侧柏变型）、圆柏、刺柏、小叶铁线莲、紫叶小檗、白玉兰、玫瑰、月季、黄刺玫、山桃、碧桃、榆叶梅、樱花、山杏、合欢、国槐、龙爪槐（国槐变型）、刺槐、忍冬、悬铃木、毛白杨、垂柳、旱柳、龙爪柳（旱柳变型）、核桃、构树、杜仲、甘蒙柽柳、火炬树、小叶黄杨、卫矛、冬青卫矛、花椒、臭椿、栾树、五角枫、白蜡、连翘、丁香、华北紫丁香、毛泡桐等。

三、思考题

结合所在地某一景区或公园撰写树种调查报告。要求列出系统的树种名录以及科属，并扼要指明其特征。

四、附录

植物标本的采集与制作

将一株植物或植物体的一部分压干或用药液浸制，制成植物标本，以便保存和供观察研究用。植物标本一般分为蜡叶标本和浸渍标本两种，现将蜡叶标本的采集与制作简要介绍如下。

将采集来的植物标本压干，经过消毒，装订在一张长约 40cm、宽约 30cm 的硬纸（台纸）上，贴上野外记录和标签，注明植物名称（中文名称和学名）和所属的科等，就成为一份蜡叶标本。

1. 采集植物标本的一般工具

（1）标本夹　是压制蜡叶标本的主要用具之一，通常用轻而坚韧的木条钉制成两块夹板（45cm×30cm）组合而成。

（2）采集箱或采集袋　用以临时存放采集的标本。

（3）小铁铲　用来采集各种草本植物的地下部分，如根、块茎、鳞茎等。

（4）枝剪、锯子　用以采集植物的枝条。

（5）小标签、野外植物采集记录签　用以编采集号和记载所采集的标本的情况。

小标签是用较硬的纸，剪成 3cm×2cm 宽的标签，一端穿孔，并在孔中穿线。用于在采集标本时，编写采集号并系于所采集标本上。

野外植物采集记录签的大小约 10cm×13cm，用于在野外采集时记录植物的产地、生境和特征。例如可如下记录。

××植物标本室野外采集记录签

××植物

采集号数：　　　　　　　　　采集日期：　　年　　月　　日

采集地点：　　　　　　　　　海拔高度：　　　　　　m

环境：

性状：

植物高度：　　　　　　cm　　胸高直径：　　　　　　cm

叶：

花：

果实：

俗名：　　　　　　　　　　　中文名：

科名：

学名：　　　　　　　　　　　采集者：

附记：（特殊性状）

（6）吸水纸　通常用吸水能力强而且耐用的表芯纸（旧报纸亦可）。可将3～4张表芯纸折叠成长约42cm、宽约30cm，然后订成一份，这样便于使用和保存。

（7）其他　刀片、解剖针、镊子、尺子、放大镜、照相机、望远镜、地图、绳子等。

2. 标本制作方法

（1）采集方法

① 木本植物的采集　木本植物一般是指乔木、灌木或木质藤本植物而言，

采集时首先选择生长正常无病虫害的植株作为采集的对象，并在这植株上选择有代表性的小枝作为标本。所采的标本最好是带有叶、花或果实的，必要时可以采取一部分树皮。要用枝剪来剪取标本，不能用手折，因为手折容易伤树，摘下来的枝条压成标本也不美观。但必须注意，采集落叶的木本植物时，最好分三个时期去采集才能得到完整标本。例如：冬芽时期的标本；花期的标本；果实时期的标本。

② 草本植物的采集　高大的草本植物采集法一般与木本植物同。除了采集它的叶、花、果各部分外，必要的时候必须采集它的地下部分，如根茎、匍匐枝、块茎和根系等，应尽量挖取，这对于确定植物是一年生或多年生的，在记载时有很大帮助，有许多草本植物是根据地下部分而分类的，像禾亚科、竹亚科、香附子等植物，不采取地下部分就很难识别。

③ 水生植物的采集　很多有花植物生活在水中，有些种类的叶柄和花柄是随着水的深度而增长的，因此采集这些植物时，有地下茎的则可以采取地下茎，这样才能显示出花柄和叶柄着生的位置，但采集时必须注意有些水生植物全株都很柔软而脆弱，一提出水面，它的枝叶即彼此粘贴重叠，携回室内后常失去其原来的形态，因此采集这类植物时，最好成束捞起，用草纸包好，放在采集箱里，带回室内立即将其放在水盆或水桶中，等到植物的枝叶恢复原来状态时，用旧报纸一张，放在受水的标本下轻轻将标本提出水面后，立即放在干燥的草纸里仔细压制，最初几天，最好每天换 3～4 次的干纸，直至标本表面的水分被吸尽为止。

以上所说的采集方法，采回的标本只能适用于蜡叶标本的制作，如果将花或果实用药品浸制保存其原来的形态用作示范材料或实验材料。采集时必须将花和果实放在采集箱中带回室内浸制。

（2）记录方法

我们在野外采集时只能采集整个植物体的一部分，而且有不少植物压制后与原来的颜色、气味等差别很大，如果所采回的标本没有详细记录，日后记忆模糊，就不可能对这一种植物全部了解，鉴定植物时也会发生更大的困难。因此记录工作在野外采集时是极为重要的，而且采集和记录的工作是紧密联系的，所以我们到野外前必须准备足够的采集记录纸，必须随采随记，例如：有关植物的产地、生长环境、性状、叶、花果的颜色，有无香气和乳汁以及采集日期等必须记录。记录时应注意观察，在同一株植物上往往有两种叶形，如果采集时只能采到一种叶形的话，那么就要靠记录工作来帮助了。采集标本时参考采集记录的格式逐项填好后，必须立即将小标签的采集号数挂在植物标本上，同时要注意检查采集记录上的采集号数与小标签上的号数是否相等，记录上的情况是否是所采的标本。采集号数小标签，小标签号数要与采集号数相符。

（3）标本制作法

采回的新鲜标本最好当天压制，如时间不允许次日压制亦可，但必须将标本放在通气地方以免堆置放热，压制时必须做下列工作。

① 整理标本　把标本上多余无用的密叠的枝叶疏剪去一部分，免致遮盖花果。

② 编号　把采集的同种植物编同一号数，所编的号数要和野外采集记录号数一致，压制后易改变的器官应详细记下来。

③ 压制　一般用木制的夹板压制，压制时用一块木夹板作底板，上铺4～5层草纸，然后将整理好的标本平放于草纸上并将标本的枝叶展平，上铺草纸2～3张，如此使标本与草纸互相间隔。普通的草本或枝叶的种类用草纸一张即可，如果有些植株花果过大时，如洋玉兰花、大丽菊花、薜荔的果实等，压制时容易使近花果的地方造成空隙，因而使一部分叶子卷缩，在这种情形下最好用叠厚的草纸将空隙填平，使木夹内标本的全部枝叶都受到同样的压力。此外必须注意铺上草纸时须将标本的首尾互相调换，使木夹内的标本和草纸整齐平坦，重叠至相当高度时，即用绳子在木夹的两端缚紧。

④ 换纸　新压的标本每天至少换干纸1～2次。如果要使压制的标本迅速干燥同时能保持原来的颜色，则须于初压制后第二至第三日以后换烘热的草纸一至二次，这样连续6～8d，即可使标本全部干燥。此外，如兰科、天南星科、景天科等植物的营养器官厚而多肉用以上的压制方法处理，数日不能干燥，而且还能继续生长，因此这类植物压制时最好放在沸水内煮0.5～1min，将其外面的细胞杀死，而促使其干燥。

实验三十四　动物多样性

一、实验目的

通过参观动物园或对自然博物馆动物标本的观察，了解动物的生活习性和形态结构特点，了解动物的多样性。

二、实验内容

参观动物园，认识常见动物形态结构特点和生活习性。

1. 爬行纲

（1）蛇类　体形细长，没有四肢。如蝮蛇、蟒蛇、五步蛇、竹叶青等。

（2）龟鳖类　躯干短阔，包藏在背、腹甲的硬匣中。头、尾和四肢都有鳞。如绿海龟、玳瑁、陆龟等。

（3）蜥蜴类　周身覆盖角质鳞片，有足。如壁虎、树蜥、巨蜥。

（4）鳄　体大，四肢粗短，笨重，体被大型坚甲，腭强大，水陆两栖。如泽鳄。

2. 鸟纲

（1）走禽　翼短小翅膀退化，但脚长而强大，下肢发达，善于行走或快速奔驰。如鸵鸟、鸸鹋、鹤鸵（食火鸡）等。

（2）游禽　游禽的脚适于游泳，都长有肉质脚蹼。如白天鹅、鸳鸯等。

（3）涉禽　适应在沼泽和水边生活的鸟类。腿特别细长，颈和脚趾也较长，适于涉水行走，不适合游泳。如鹳、鹭、丹顶鹤等。

（4）猛禽　嘴强大呈钩状，翼大善飞，脚强而有力，趾有锐利勾爪，性情凶猛。如秃鹫、红脚隼、猫头鹰。

（5）陆禽　陆禽主要在陆地上栖息。体格健壮，不适于远距离飞行。如孔雀、珍珠鸡、长尾雉。

（6）鸣禽　栖鸟种类，有鸣管。如喜鹊、画眉、八哥、百灵、金丝雀，数目众多。

3. 哺乳纲

（1）有袋目　其幼仔出生时发育不全，雌兽有袋囊供幼仔继续发育。如袋鼠。

（2）长鼻目　外部特征为有柔韧而肌肉发达的长鼻。有亚洲象和非洲象两种。

（3）食肉目　牙齿尖锐而有力，具食肉齿（裂齿）。如孟加拉虎、非洲狮、棕熊、美洲豹。

（4）奇蹄目　包括有奇数脚趾的动物。如马类，犀牛。

（5）偶蹄目　蹄多为双数，且第三、四趾同等发育，种类多。例如野骆驼、獐、河马、长颈鹿、白唇鹿、麋鹿、野牦牛、藏羚羊和羚牛等。

（6）鳍脚目　水中大型食肉兽。身体一般是流线型，体表密生短毛，头圆，颈短。四肢具有5趾，趾鳍状，适于游泳。如海狮、海豹。

（7）灵长目　动物界最高等的类群。大脑发达，眼眶朝向前方，大拇指灵活，多数能与其他趾（指）对握。如金丝猴、猩猩、长臂猿等。

三、思考题

写出动物园认识动物实验报告。从生活习性和形态结构方面，叙述其中一类动物的多样性。

实验三十五 生物微核对环境污染的指示

一、实验目的

（1）了解各种环境污染对生物遗传性质的改变，增强环境保护意识。

（2）掌握微核实验技术。

二、实验原理

环境的"三致性"，即指环境对生物的致畸、致癌、致突变性，是目前环境污染中最主要的问题。"三致性"的根本在于致突变，而致畸、致癌常常是致突变的结果。微核是无着丝点的染色体断片，在有丝分裂后期不能向两极移动，所以游离于细胞质中，在间期细胞核形成时，则可在它附近看到一到几个很小的圆形结构，这就是微核。微核是常用的遗传毒理学指标之一，指示染色体或纺锤体的损伤。由于这种损伤会因细胞受到的外界诱变因子的作用而加剧，而微核产生的数量又可与诱变因子剂量的强弱呈正比，因此可以用微核出现的频率来评价环境诱变因子对生物遗传物质的损伤程度。

小麦是我国北方地区的主要粮食作物之一。因为其发根较多，便于培养，对毒性药性敏感等优点，常用于监测环境致突变性的微核实验。

三、实验器材

光学显微镜、10mL试管、洗瓶、镊子、载玻片、盖玻片、滤纸、环磷酰胺（$5\mu g/mL$）、硝酸铅（$5\mu g/mL$）、氯化汞（$5\mu g/mL$）、卡诺固定液（由3∶1的乙醇和冰醋酸配制）、水解分离液（盐酸与酒精1∶1混合）、改良苯酚品红染液（3.0g碱性品红溶解在100mL 70％乙醇中。并以1∶9的比例与5％苯酚溶液混合，得到苯酚品红染液母液。将45mL母液、6mL冰乙酸、6mL 37％甲醛混合均匀，得苯酚品红染液。20mL苯酚品红染液中加入180mL 45％乙酸和3.6g山梨醇，静置两周后使用）、小麦种子。

四、实验步骤

1. 种子处理

小麦种子洗净后，18℃下用蒸馏水浸泡发芽24h，然后移入铺有纱布的托盘内培养。当初生根长到 1cm 时，取发育良好的，大小与根长近似的幼根。将选好的麦芽放入培养皿中，使根尖完全浸入处理水样中，室温下培养 24h 后，用蒸馏水洗根尖 2 次，蒸馏水恢复 24h，用蒸馏水处理为对照组，分别用硝酸铅、氯化汞、环磷酰胺染毒处理为实验组。

2. 固定

取 10mL 试管并向内放入卡诺固定液约 5mL，用刀片或小剪刀切取各组经过处理的长 0.5～1cm 的根尖 10～20 条，放入试管内，用塞盖紧，在室温下固定 2～24h，固定液的用量为材料体积的 15 倍以上。

固定的目的是借助于酒精和盐酸等化学药剂能透入组织细胞，使其蛋白质变性、酶失活、尽可能保持组织细胞生活时的结构和状态，便于染色观察。

3. 水解分离

水解分离液可使小麦根尖的胞间层果胶类物质解体，细胞分散易于压片观察。取处理好的小麦根尖材料，放在试管内加水解分离液 2mL，室温下处理 8～20min，倒去水解分离液，再加入固定液 2mL 进行软化 5min，软化对细胞壁起腐蚀作用。然后倒去固定液，用蒸馏水冲洗 2 次，使材料呈白色微透明，以镊子柄能轻轻压碎为好。

4. 染色压片（注意区分两种不同处理的材料）

切取根尖分生组织放在载玻片上纵横切成几段，分别放在两片载玻片上，以十字压片法覆以载玻片，用镊子柄或铅笔头轻敲几下，再用拇指用力下压使细胞充分分散（注意不要使玻片移动），分开两玻片，各滴上 1～2 滴染液，染色 20～30min，加上盖玻片，用吸水纸吸去多余染液。

5. 镜检

低倍镜镜检后，选择细胞分散均匀，细胞无损，染色良好的区域（也可在高倍镜下观察），每个处理观察 100 个细胞，记下微核数（两个处理分别记录）。

五、注意事项

（1）经过固定的材料如不及时使用，可以经过 90％酒精换到 70％酒精中各半小时，换入 70％酒精，0～4℃保存半年，再观察时换用固定液再处理一次，效果较好。

（2）环磷酰胺使用剂量过大，会导致细胞核变形，而非形成微核，故在实验中应多设浓度梯度处理或进行预实验。

（3）微核率的计算时可以全班同学的微核数来统一计算，每班每次处理给出一个微核率。

六、思考题

（1）制作小麦压片的技术要点有哪些？
（2）比较三种污染物对小麦的致突变作用。

实验三十六　水体中浮游生物的调查及其与水质的关系

一、实验目的

（1）掌握水体浮游生物的调查方法。

（2）通过对水域中浮游生物的调查与鉴定，评估水质状况。

二、实验器材

水样、显微镜、浮游生物采集网、试剂瓶、血球计数板（0.1mL）、吸管（0.1~1mL）若干支、碘液。

三、实验原理

浮游生物体型细小，大多数用肉眼看不见，悬浮在水层中且游动能力很差，主要受水流支配而移动，浮游生物分为浮游动物和浮游植物。

浮游动物（zooplankton）的漂浮或游泳能力很弱，随水流而漂动。浮游动物的种类极多，从低等的微小原生动物、腔肠动物、栉水母、轮虫、甲壳动物、腹足动物等，到高等的尾索动物，几乎每一类都有典型的代表，以原生动物的种类最多。浮游植物（phytoplankton）在水中以浮游生活，通常指浮游藻类，包括蓝藻门、绿藻门、硅藻门、金藻门、黄藻门、甲藻门、隐藻门和裸藻门八个门类的浮游种类，已知全世界藻类植物约有40000种，其中淡水藻类有25000种左右，而中国已发现的（包括已报道的和已鉴定但未报道的）淡水藻类约9000种。

浮游生物是水生生物的重要组成，会因水中有机质和营养盐类的含量及其他因素的不同而有显著差别，对浮游生物的调查与鉴定是评价水体质量的一个重要依据。

四、实验步骤

1. 采样

用浮游生物采集网在水中作"∞"形来回慢慢拖动采集，采集后，将网垂直提出水面，打开网底阀门，将采集到的标本注入试剂瓶中，作好记录、编号，贴好标签。

2. 制备临时装片

用滴管吸取水样1滴于载玻片中央，慢慢盖上盖玻片，置显微镜下观察、绘图、鉴定。

3. 固定

水样采集回来后立即用碘液固定，杀死水样中的生物。固定剂量为水样的1%，即1L水样加10mL固定剂，水样呈棕黄色即可。

4. 浮游生物观察与计数

将样品吸取到载玻片上，于显微镜下作定性观察，了解其主要种类及其形态特点，再对主要种类进行计数。

将水样充分摇匀后，迅速用吸管吸取1小滴、样品置于血球计数板的计数框中，盖上盖玻片。计数时，每片观察50～100个视野，所观察的视野要注意随机性和均匀性。每一样品应至少做4个重复计数。

5. 统计

通过各水样中浮游生物种群的鉴定及其数量的统计，得出采样水域中浮游生物种群的组成与分布情况。根据不同时间的跟踪调查，可得到该水域浮游生物种类及生物量随季节变化的趋势和变化幅度，从而进一步了解该水域的环境及水质。水域状况较好的水体，一般藻类种类较多且种间比例较均匀，因而多样性指数 H 较大，均匀度指数 E 较高；反之，在重污染水体，种类数少且种间比例不均匀，多样性指数较小，均匀度指数低。

采集不同水体或同一水体不同季节的水样，经固定后，作为调查样品，镜检得到水样中浮游生物的种类和数量，分析不同样品中浮游生物的类群和分布，探讨优势种群和群落结构的特征指数，可在一定程度反映调查水体的污染程度。

五、注意事项

制备临时装片时，为防止浮游生物运动迅速，可将少许棉花撕松铺在载玻片上，再进行观察。

六、思考题

（1）绘制你所观察的浮游生物简图，并探讨它们的多样性。

（2）分析待测样品中浮游生物与水质的关系。

实验报告书写范例一

实验名称：植物细胞的数量和大小

一、实验目的

了解植物细胞的大小与单位面积的数量。

二、实验原理

利用测微器量取植物细胞的大小与单位面积的细胞数量。

三、实验器材

目镜测微器、物镜测微器、显微镜、洋葱鳞叶。

四、实验步骤

1. 测微器的使用

（1）在目镜两镜片之间放一片目镜测微尺。

（2）在载物台上放一物镜测微器，此长方形玻璃片上刻有 100 小格的 1mm 线段，即物镜测微器上每一小格长度是 0.01mm。

（3）选择适当的放大倍率物镜，在目镜的检视下，将物镜测微器线段的左端与目镜测微器线段的左端重叠对齐，在检视右侧重叠处两测微器的格数，利用算式计算目镜测微器每一小格的长度。

（物镜测微器格数/目镜测微器格数）×0.01mm＝目镜测微器每一小格的长度

2. 植物细胞的大小与细胞数量的量取

取洋葱鳞叶一片，用镊子分别撕取合适大小的内表皮置于载玻片上，滴水一滴，展平后，上覆盖玻片。量取细胞的长与宽，利用长方形面积公式计算细胞的面积。

将目镜测微器旋转一圈，计算洋葱鳞叶的内表皮在目镜测微器线段范围内细胞数，利用圆面积内细胞数来换算单位面积细胞数量。

五、实验结果

1. 植物细胞的大小

材　料		长/mm	宽/mm	面积/mm²	平均面积/mm²
洋葱鳞叶	重复1	0.25	0.15	0.0010	
	重复2	0.28	0.12	0.0008	0.0011
	重复3	0.25	0.11	0.0016	

2. 植物细胞数量

材料		细胞数量	视野半径/mm	视野面积/mm²	单位面积细胞数	平均面积细胞数/个
洋葱鳞叶	重复1	2×6	长 0.2		12/0.02＝600	(600＋900＋900)/3＝
	重复2	3×6	宽 0.1	0.02	18/0.02＝900	800
	重复3	3×6			18/0.02＝900	

六、结果分析

由实验结果得出以下结论：洋葱鳞叶内表皮的细胞面积较大，细胞平均面积0.0011mm²；洋葱鳞叶内表皮单位面积细胞数较多，平均800个细胞。

实验报告书写范例二

实验名称：人口腔上皮细胞的观察（绘图）

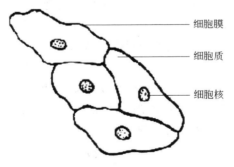

细胞膜

细胞质

细胞核

人口腔上皮细胞结构图（×400）

附　　录

常用染色液与试剂配制方法

1. 0.1％碘液

碘 1g、碘化钾 2g、蒸馏水 300mL。先将碘化钾溶解在少量水中，再将碘溶解在碘化钾溶液中，最后用水稀释至 1000mL。

2. 1％曙红

称取曙红 1g，用少许蒸馏水溶解，过滤，定容到 100mL。

3. 0.25％美蓝染液

取 0.3g 美蓝，溶于 30mL 95％酒精中，加 100mL 0.01％氢氧化钾溶液，保存在棕色瓶内。此溶液能染细胞核。

4. 瑞氏染液

取瑞氏染液（粉末）0.1g 放在乳钵内，加少量甲醇研磨使染料溶解，然后将溶解的染料倒入洁净的棕色玻璃瓶，剩下未溶解的染料再加少量甲醇研磨。如此反复操作，直到加入 60mL 甲醇为止，在室温中保存一周后即可使用。染液贮存愈久染色效果愈好。

5. 碘-碘化钾（I_2-KI）溶液

碘化钾 2g、蒸馏水 300mL、碘 1g。先将碘化钾溶于少量蒸馏水中，待全溶解后再加碘，振荡溶解后加蒸馏水稀释至 300mL，保存在棕色玻璃瓶内。用时可将其稀释 2～10 倍，这样染色不致过深，效果更佳。

6. 醋酸洋红染液

将洋红粉末 1g 倒入 100mL 45％醋酸溶液中，边煮边搅拌，煮沸（沸腾时间不超过 30s），冷却后过滤，即可使用。也可再加入 1％～2％铁明矾水溶液 5～10 滴，至此液变为暗红色而不发生沉淀为止。

7. 改良苯酚品红染色液（卡宝品红染液）

配制步骤：先配成三种原液，再配成染色液。

原液 A：3g 碱性品红溶于 100mL 70％酒精中。

原液 B：取原液 A 10mL 加入到 90mL 5％石炭酸水溶液中。

原液 C：取原液 B 55mL，加入 6mL 冰醋酸和 6mL 福尔马林（38％的甲醛）。

注意：原液 A 和原液 C 可长期保存，原液 B 限两周内使用。

染色液：取 C 液 10～20mL，加 45％冰醋酸 80～90mL，再加山梨醇 1～1.8g，配成 10％～20％的石炭酸品红溶液，放置两周后使用，效果显著（若立即用，则着色能力差）。适用范围：适用于植物组织压片法和涂片法，染色体着色深，保存性好，使用 2～3 年不变质。山梨醇为助渗剂，兼有稳定染色液的作用，假如没有山梨醇也能染色，但效果较差。

8. 磷酸缓冲液

取 1％磷酸氢二钠 20mL 和 1％磷酸二氢钾 30mL，置于 1000mL 的细口瓶中，加蒸馏水至 1000mL 配制而成。

9. 卡诺（Carnoy）固定液

配方 1：无水乙醇 3 份，冰醋酸 1 份，混匀即可。

配方 2：无水乙醇 6 份，冰醋酸 1 份，氯仿 3 份，混匀即可。

10. 乙醚-酒精清洁液

7 份乙醚与 3 份无水酒精混合。

11. 任氏液（Ringer's solution）

亦称复合氯化钠。取 20％氯化钠 32.5mL、10％氯化钾 1.40mL、10％氯化钙 1.20mL、5％碳酸氢钠 4.0mL、1％磷酸二氢钠 1.0mL、葡萄糖 2.0g 混合，加蒸馏水定容至 1000mL 即可。

参 考 文 献

[1] 杨汉民 . 细胞生物学实验 . 北京：高等教育出版社，1997.

[2] 丁汉波 . 脊柱动物学 . 北京：高等教育出版社，2001.

[3] 江静波等 . 无脊椎动物学 . 北京：高等教育出版社，1995.

[4] 陈守良 . 动物生理学 . 第 3 版 . 北京：北京大学出版社，2005.

[5] 陈炳华 . 普通生物学实验 . 北京：科学出版社，2012.

[6] 曹阳，林志新 . 生物科学实验导论 . 北京：高等教育出版社，2006.

[7] 左明雪 . 人体解剖生理学 . 北京：高等教育出版社，2003.

[8] 王所安 . 脊柱动物学 . 北京：科学出版社，1960.

[9] 刘凌云，郑光美 . 普通动物学实验指导 . 第 2 版 . 北京：高等教育出版社，1998.

[10] 陈阅增 . 普通生物学 . 第 2 版 . 北京：高等教育出版社，2005.

[11] 张丰德，王秀玲 . 现代生物学技术 . 天津：南开大学出版社，2001.

[12] 彭玲 . 普通生物学实验 . 武汉：华中科技大学出版，2007.

[13] 汪矛 . 植物生物学实验教程 . 北京：科学出版社，2003.

[14] 张志良 . 植物生理学实验指导 . 第 2 版 . 北京：农业大学出版社，1987.

[15] 尹祖棠 . 种子植物实验及实习 . 北京：北京师范大学出版社，1987.

[16] 杨继 . 植物生物学实验 . 北京：高等教育出版社，2000.

[17] Raven and Johnson. Biology. 6 edition. McGraw-Hill，2001.